阅读图文之美 / 优享健康生活

野花轻图鉴

付彦荣　主编
含章新实用编辑部　编著

江苏凤凰科学技术出版社 · 南京

图书在版编目（CIP）数据

野花轻图鉴 / 付彦荣主编；含章新实用编辑部编著
. — 南京：江苏凤凰科学技术出版社, 2023.2
ISBN 978-7-5713-3294-5

Ⅰ. ①野…　Ⅱ. ①付…　②含…　Ⅲ. ①野生植物－花卉－图集　Ⅳ. ①Q949.4-64

中国版本图书馆CIP数据核字（2022）第200042号

野花轻图鉴

主　　编　付彦荣
编　　著　含章新实用编辑部
责任编辑　洪　勇
责任校对　仲　敏
责任监制　方　晨

出版发行　江苏凤凰科学技术出版社
出版社地址　南京市湖南路 1 号A楼，邮编：210009
出版社网址　http://www.pspress.cn
印　　刷　天津睿和印艺科技有限公司

开　　本　718 mm × 1 000 mm　1/16
印　　张　13
插　　页　1
字　　数　460 000
版　　次　2023年2月第1版
印　　次　2023年2月第1次印刷

标准书号　ISBN 978-7-5713-3294-5
定　　价　49.80元

前言 PREFACE

花，也被称为“花朵”“花卉”，是具有观赏价值的植物。野花，一般指野生花卉。

在生物学上，花是植物的重要器官之一，一般认为只有被子植物才有这一器官。花的外形千差万别，但形态结构却是一样的，主要由花梗（花柄）、花托、花被、雄蕊群、雌蕊群组成。由于花的形态结构较稳定，人们通常把花作为辨别不同植物的重要依据之一。

人们根据花的不同特性，将其划分为不同种类。双子叶植物通常有 4 或 5（或者 4 或 5 的倍数）瓣花瓣，单子叶植物则有 3（或者 3 的倍数）瓣花瓣；根据雌蕊和雄蕊是否生长于同一花上，可分为完全花和不完全花。如果雌蕊和雄蕊生长于同一花上，这样的花被称为“完全花”或“两性花”；如果雌蕊和雄蕊生长于不同的花上，花就被称为“不完全花”或“单性花”。

花，作为植物器官的一部分，其功能就在于繁殖。花的传粉过程，即受精过程。如果是雌雄同株，植物只需将花粉从花药移到柱头即可；而如果是雌雄异株，则需将一株植物的花粉移到另一株植物上。植物为了顺利地传播花粉，一般需借助媒介，媒介可分为风媒和虫媒。风媒花，即借助风力自然传粉，这种方式比较简单；虫媒花，则需利用昆虫、鸟类等动物传粉。因此，花与传粉动物关系密切，为了吸引传粉动物，它们会从形态、颜色、气味等方面做出相应的调整、进化，以适应传粉动物的需求。

现存的大多数观赏花卉品种都是由野花经人工驯化栽培而来的，如最早的野生菊花只有黄色一种，经过人工栽培，逐渐进化出了粉色、紫色、绿色等颜色。因此，野花与观赏花卉关系密切，了解野花，有助于我们认识观赏花卉的来源和结构，使我们在花卉栽培过程中更加得心应手。

《野花轻图鉴》一书在编写过程中，特邀专家指导，也有很多野花爱好者对本书的编写提供了重要资料和宝贵意见。学无止境，由于编者水平有限，书中难免存在不足之处，恳请广大读者批评指正，我们定会不断完善，为大家呈现更优秀、更权威的作品。

目录 CONTENTS

第一章 草本植物

第二章　藤本植物

第三章 灌木植物

第四章 乔木植物

植物的结构

植物一般由花、叶、种子、果实、茎、根构成，其中，花是植物的重要组成部分。要想了解花的构造，就必须了解植物的构造。

花

花，也被称为“花朵”，是被子植物的繁殖器官，可利用色彩和气味吸引昆虫等传播花粉，以达到繁殖的目的。花一般以单生和簇生的形式生长于植物之上，又根据雌蕊和雄蕊是否生长于同一花上，可分为“完全花”和“不完全花”。如果雌蕊和雄蕊生长于同一花上，这样的花被称为“完全花”或“两性花”；如果雌蕊和雄蕊生长于不同的花上，花就被称为“不完全花”或“单性花”，不完全花也包括缺花萼、花冠等。

金露梅的花

萝藦的叶

叶

叶，被称为“叶子”，是维管植物的营养器官，也是种子植物制造有机物的重要器官。叶通常由表皮、叶肉、叶脉组成，且每个部分还可细分，只有各部分都发挥自己的功能，才能保证植物的正常运行。大多数叶子中因含有叶绿素而呈现绿色，但有些植物的叶子也有其他颜色。

五叶木通的叶

种子

种子是裸子植物和被子植物特有的繁殖体，一般由胚珠经传粉受精而成。种子通常由种皮、胚和胚乳组成。种子的大小、形状、颜色因种类不同而有所不同，有的表面光滑发亮，有的则粗糙暗淡，还有的具有翅、冠毛、刺、芒和毛等附属物。

曼陀罗的种子

果实

果实是指被子植物经传粉受精后，由雌蕊或在花的其他部分参与下形成的器官，由果皮和种子构成。一般一个果实可包含一个或多个种子。果实可分为三类，即单果、聚合果和聚花果。单果是由一朵花中的单个雌蕊子房所形成的，如毛桃、欧李等；聚合果是由一朵花中的数个或多个离生雌蕊子房及花托共同形成的，如蛇莓等；聚花果，又叫复果，是由整个花序许多花的子房或由其他器官参与而形成的，如无花果等。

玫瑰的果实

肥皂草的茎

茎

茎是维管植物地上部分的骨干，叶、花、果实都生长在茎的上面。茎具有运输营养物质和水分，以及支撑叶、花、果实的功能，有的茎还可以进行光合作用、贮藏营养物质以及繁殖后代。茎一般为圆柱形，也有少数植物的茎呈其他形状，如有些仙人掌科植物的茎呈扁圆形或多角柱形。此外，植物的茎会经常分枝，这不仅能增加植物的体积，以充分利用阳光和吸收外界物质，还有利于繁殖后代。

根

根一般指植物的地下部分。它的主要作用是固持植物体、吸收水分、运输水和矿物质以及储藏养分。植物的根可分为主根、侧根和不定根。主根是种子萌发时的胚根突破种皮发育成幼根并向下垂直生长而生成的根；侧根是主根生长到一定程度后从它的内部生出的支根；不定根是在茎、叶或老根上生出的根。这些根反复、多次分支，最后形成整个植物的根系。

缬草的根

解开花的秘密

花的构造

花是种子植物的有性繁殖器官，主要功能是繁殖后代。花由花梗（总花柄）、花托、花被、雄蕊群和雌蕊群组成。有的花有花柄，有的花没有花柄。无柄花是指没有任何枝干支撑、单生长于叶腋的花，但大多数花是有花柄的。花柄一般是指与茎连接并起支撑作用的小枝，如果花柄有分支且各分支均有花着生，那么各分支就被称为小梗。花柄之上还有花托，花托膨大，且花的各部分轮生长于其上。

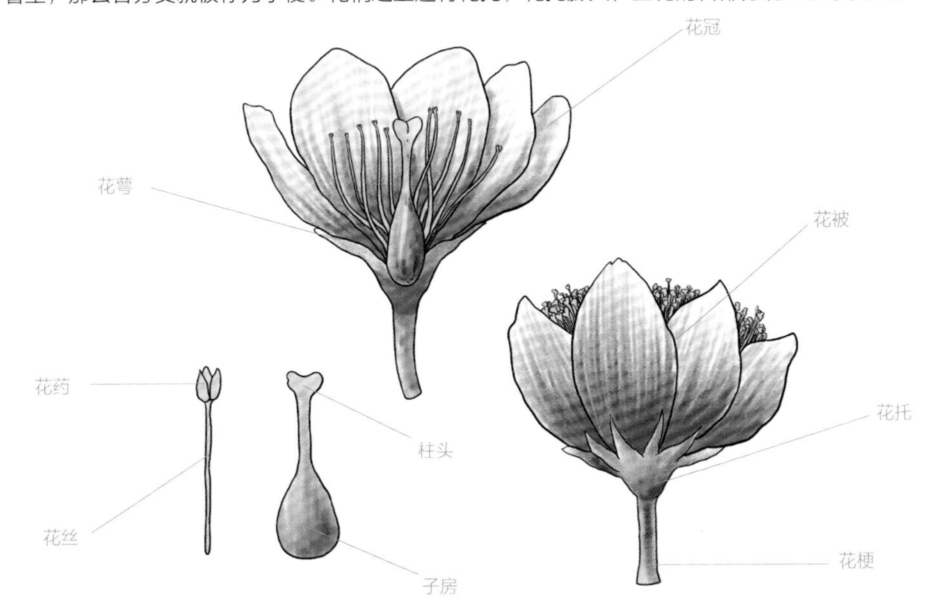

花萼：是所有萼片的总称，通常为绿色，位于花的最外层。

花冠：由花瓣组成，薄且软，常用颜色吸引昆虫等帮助授粉，位于花萼的内部或上部。

雄蕊群：一朵花内雄蕊的总称，雄蕊通常由花药和花丝组成。花药着生长于花丝顶部，这是形成花粉的地方；花粉中则含有雄配子。

雌蕊群：一朵花内雌蕊的总称，通常一朵花只有一个雌蕊，但有的也有多个雌蕊。雌蕊由心皮组成，内含子房；子房室内的胚珠含雌配子。

花梗（总花柄）：是连接茎的小枝，起支撑花的作用，长短不一。

花托：位于花梗顶端，略膨大，形状多样，可着生花萼、花冠等。

花被：由花萼和花冠组成。根据花被的不同，花可分为两被花、单被花、无被花（裸花）三类。

花的形状

花及花序在长期进化过程中，产生了适应性变异，形成各种各样的花形，在约 25 万种被子植物中，就有约 25 万种花形。

有些花不管从任何角度，都能被中央轴线一分为二，其所得的两半是对称相等的。这种花被称为辐射对称花或整齐花，如月季花和桃花。

月季花

桃花

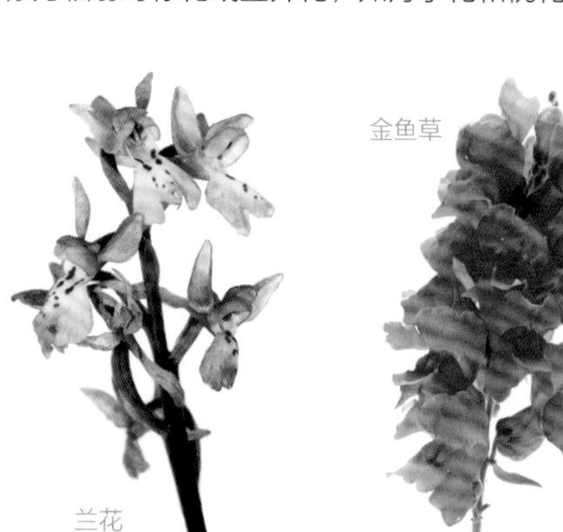

金鱼草

兰花

此外，有些花只能在一个角度分为两个对称面。这种花则被称为左右对称花或不整齐花，如金鱼草和兰花。

唇状

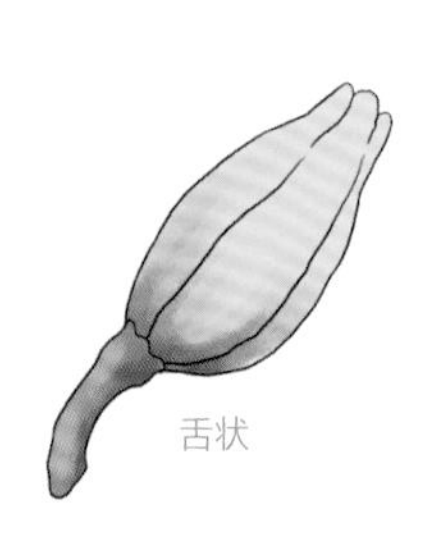

舌状

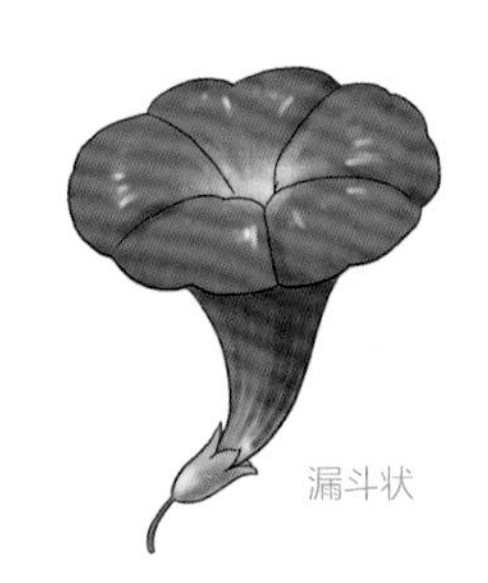

漏斗状

钟状

高脚碟状

坛状

辐状

蝶状

花序

花序是花按固定方式有规律地排列在总花柄上的一群或一丛花，是植物的特征之一，可分为无限花序和有限花序。花序的总花柄或主轴，称为花轴或花序轴，花柄及花轴基部生有苞片。有的苞片密集排列在一起，组成总苞，如菊科植物中的蒲公英；有的苞片则转变为特殊形态，如禾本科植物小穗基部的颖片。常见的花序类型为以下 8 种。

总状花序

总状花序，植株上的每朵小花都有一个花柄与花轴有规律地相连，每朵小花的花柄长短大致相等，花轴则较长，但较单一。总状花序的开花顺序是由下而上，一般着生于花轴下面的发育较早，而接近花轴顶部的发育较迟，在整个花轴上可看到发育程度不同的花朵。

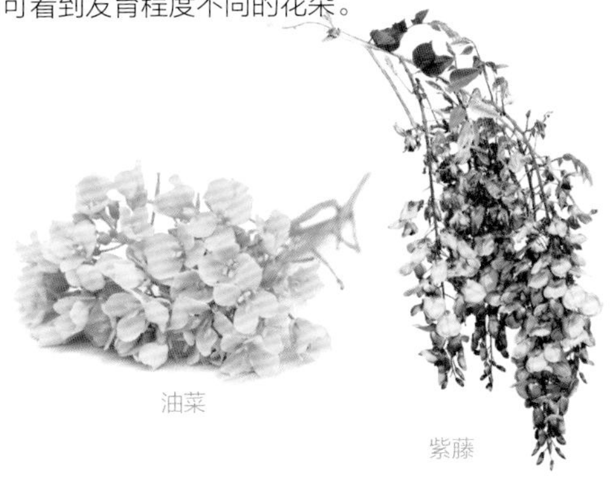

油菜

紫藤

二歧聚伞花序

二歧聚伞花序，植株的主轴上端有二侧轴，而所分侧轴又在它的两侧分出二侧轴。如卫矛科植物的卫矛、大叶黄杨等，石竹科植物的石竹、卷耳、繁缕等。

石竹

穗状花序

穗状花序，只有一个直立的花轴，其上着生许多无柄或柄很短的两性花。穗状花序是总状花序的一种类型，也属于无限花序。禾本科、莎草科、苋科和蓼科中的许多植物都具有穗状花序。

千屈菜

柔荑花序

柔荑花序，花轴柔韧，呈下垂或直立状，其上着生许多无柄或短柄的单性花（雄花或雌花），如果凋落，一般会整个花序一起脱落，是无限花序的一种。如杨树、枫杨。

柳树花

头状花序

头状花序，由许多或一朵无柄小花密集地着生于花轴顶部，并聚成头状，外形似一朵大花，花轴短而膨大，为扁形，各苞片叶则集成总苞。许多头状花序可再组成圆锥花序、伞房花序等。如菊花。

菊花

圆锥花序

圆锥花序，又称复总状花序，花轴上生出许多小枝，每一小枝可自成总状花序，许多小的总状花序组成整个花序。如紫丁香。

紫丁香

伞房花序

伞房花序，也称平顶总状花序，是一种变形的总状花序，排列在花序上的各花花柄长短不一，下边的花柄较长，向上渐短，整个花序近似在一个平面上，如麻叶绣球、山楂等。此外，几个伞房花序排列在花序总轴的近顶部，可形成复伞房花序，开花顺序由外向里。如绣线菊。

绣线菊

伞形花序

伞形花序，一般一个花序梗顶部可伸出多个近等长的花柄，整个花序形如伞状，每一小花梗则称为伞梗。通常花序轴基部的花先开放，然后向上依次开放，但如果花序轴较短，花朵较密集，可由边缘向中央依次开放。在开花期内，花序的初生花轴可继续向上生长、延伸，并不断生出新的苞片，在其腋中开花。如薤白。

薤白

野花的生长环境

野花的种类繁多，分布范围极广，不同气候条件的地区，分布着不同种类的野花。本节就将着重介绍几种典型的野花生长环境。

露地环境

露地环境是指自然环境，在这种环境下，野花无需保护性栽培就能完成全部生长过程。露地野花可依其生长年份的不同分为三类。

一年生野花，是指在一个生长季内完成播种、开花、结实、死亡生长周期的植物。一年生野花一般春天播种，夏秋生长、开花、结实，然后死亡，因此又被称为“春播野花”，如秋葵、鸡冠花、百日草、半支莲、万寿菊等。

鸡冠花

秋葵

二年生野花，是指在两个生长季内完成其生长周期的植物，当年只生长营养器官，次年开花、结实、死亡。二年生野花一般秋季播种，次年春季开花，因此常被称为“秋播野花”，如五彩石竹、紫罗兰、羽衣甘蓝、长春花等。

长春花　紫罗兰

多年生野花，是指个体寿命超过两年，能多次开花结果的植物，如金莲花、山茶花、月季花等。

山茶花

金莲花

温室环境

温室环境是指温室中的栽培环境，可部分或全部由人工控制。有些野花常年或在某段时间内必须在温室中栽培。

有的野花如果离开自己的原生环境，就需要在温室环境中生长。如茉莉，原本生长在我国气候较温暖的南方，但如果移植到华北、东北地区，就要在温室环境中生长。一些原产于热带、亚热带及温带地区的野花，被移植到气候较寒冷的地区后，由于不耐寒，只能在温室环境下才能生长。

茉莉

马樱丹

还有一些野花也是需要在温室环境下生长的，其目的是促使一些花在冬季开放，如康乃馨、报春等。

康乃馨

水生环境

水生环境是指水中或沼泽环境，在这种环境下生长的野花有荷花、凤眼莲等。

凤眼莲

岩生环境

岩生环境是指石头或沙砾环境，在这种环境下生长的野花耐旱性较强，适合在岩石园栽培，一般为宿根性或基部木质化的亚灌木类植物，如景天三七、芦荟等。

芦荟

景天三七

野花的主要用途

药用

可入药的野花有很多种，主要以茶饮为主，这些花茶有许多功效，如蔷薇花茶可治疗疟疾、口舌糜烂等；玫瑰花茶具有理气解郁、活血调经等功效；月季花茶主治月经不调、瘀血肿痛等；梅花茶可缓解暑热或因热伤胃阴而引起的心烦口渴等；茉莉花茶用于治疗夏季感冒、泻痢腹痛、胸脘闷胀、小便短少等；槐花茶用于缓解高血压、保护脑血管以及预防熬夜后肝火旺盛和痔疮发作等。

香料

野花广泛作香料，如桂花常用来酿酒和制作食品香料；茉莉、白兰等可熏制茶叶；菊花常用来制作菜肴；白兰、玫瑰、水仙、蜡梅等是提取香精的主要原料。其中，从玫瑰花中提取的玫瑰精油，有“液体黄金”之称，价格昂贵；而薰衣草精油可修复受损的皮肤组织，对刀伤、灼伤等有明显的功效，因此薰衣草被誉为“香草之后”。

食用

野花含有丰富的蛋白质、淀粉、氨基酸、多种维生素以及一些人体必需的微量元素。有些野花可直接食用或入菜食用，如百合就是一种药食兼用的野花，可搭配各种食材食用，经典菜肴有百合银花粥、绿豆百合粥等；菊花也具有良好的保健功能，食用菊可作酒宴汤类、火锅的配料，也可作煮粥或茶饮的原料。

观赏

在园林规划中，野花常用来布置花坛。春天，一般选用三色堇、石竹等；夏天，常选用凤仙花、雏菊等；秋天，则选用一串红、万寿菊、九月菊等；冬天，可适当布置羽衣甘蓝等。一些适宜在树荫下生长的花卉，可作荫棚花卉，如麦冬及蕨类植物等；还有一些则适合以盆栽的形式装饰室内，如扶桑、文竹、一品红、金橘等。

第一章

草本植物

草本植物中的多数，在生长季节终了时，其植物体整体或部分死亡。草本植物包括一年生草本植物、二年生草本植物和多年生草本植物。它们的地上部分每年死去，而地下部分的根、根状茎及鳞茎等能生活多年，如天竺葵等。草本植物与木本植物最显著的区别在于其茎的支持力量。

顶冰花

伞形花序，花瓣黄色

基生叶条形，黄绿色

植物形态： 多年生草本植物，植株高 10~25 厘米。鳞茎卵形，皮灰黄色。基生叶条形。花 3~5 朵排列成伞形花序；花被片 6 瓣，呈条形或狭披针形，颜色多为黄绿色；总苞片呈披针形，长度与花序相近，宽度在 4~6 毫米；花瓣颜色为黄色。蒴果为卵圆形至倒卵形，种子为近矩圆形。

分布区域： 分布在中国辽宁、吉林、新疆等地。日本、朝鲜、韩国，以及欧洲地区也有分布。

特征鉴别： 顶冰花一般分为小顶冰花、朝鲜顶冰花、三花顶冰花等。顶冰花是生活在北方的一种野生植物，在冰天雪地即可发芽，气温转暖后花柄伸展，开出鲜艳的小花，由此得名。

小贴士： 顶冰花有清心、养心安神的功效；可以用于血不养心所导致的虚烦不眠、惊悸怔忡等病症；对于情志所伤引起的愤怒忧郁、虚烦、失眠症也有一定作用。

花被片呈条形或狭披针形

生长习性： 喜寒冷，多生长于海拔 2300 米以下的林缘、灌木丛中和山地草原上。在秋冬休眠期间，剥下鳞茎四周的小球也可另外栽种。

花梗不等长，无毛

你知道吗？ 顶冰花全株有毒，中毒症状有头痛、头晕、呕吐、大小便失禁等，严重的可能出现全身抽搐、呼吸困难、四肢发冷等情况。误食顶冰花，严重者可以导致死亡，而且死亡率很高。

花语： 顶冰花的花语是回忆。

花期：4~5 月 | 目科属：百合目、百合科、顶冰花属 | 别名：漉林

石蒜

植物形态： 多年生草本植物，肥大的鳞茎呈宽椭圆形，黑褐色的鳞皮膜质，内部为乳白色。叶子丛生，呈带形且全缘。伞形花序，顶部生出 4~6 朵花，花的颜色有鲜艳的红色或者靓丽的金黄色，边缘呈白色，花茎先叶抽出。花被呈裂片狭披针形，边缘有些微皱缩且向外反卷。种子多数，蒴果背裂。

伞形花序，有花 4~6 朵

花茎先叶抽出，中央空心，高 20~40 厘米

生长习性： 野生石蒜长在阴冷地带，耐寒性强，能忍受的最高日平均气温在 24℃。喜阴、湿润，但也耐干旱，对土质要求高，习惯偏酸性、排水性良好、疏松且肥沃的腐殖质土壤。石蒜生长于缓坡林缘、溪边、丘陵山顶石缝土层稍厚的地方。

分布区域： 分布在中国山东、河南、安徽、湖南、广东、广西、陕西、江苏、浙江、江西、福建、湖北、四川、贵州、云南等地。长江流域及西南各地区有野生种群。日本也有分布。

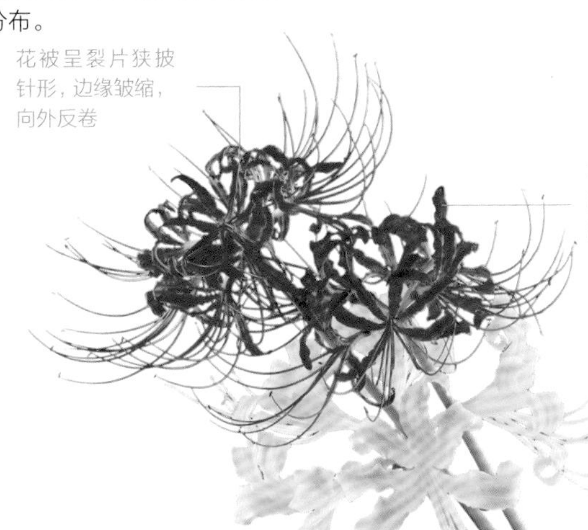

苞片披针形，膜质

栽培方法： 石蒜有很多繁殖方法，如根种分球法、鳞块切割法、组织培养法、育种播种法等。石蒜的栽培要注重种植的季节、温度、日照、土壤和水分等，这些因素都是很重要的。此外，还要注意石蒜的病虫害防治，如细菌性软腐病、斜纹夜盗蛾、石蒜夜蛾等。

小贴士： 石蒜可以作为观赏植物，种植在园林中，或装饰花坛、花境。石蒜的鳞茎可解毒、祛痰、利尿、催吐；石蒜还可用于咽喉肿痛、水肿，小便不利、痈肿疮毒、食物中毒等病症。

花语： 石蒜的花语是优美、纯洁。花谢后长出叶子，花和叶不相见，永远在错过，听起来既浪漫又凄美。

花期：8~9月 | 目科属：天门冬目、石蒜科、石蒜属 | 别名：曼珠沙华、彼岸花、蟑螂花、龙爪花、老鸦蒜

杓兰

植物形态：多年生草本植物，植株高 20~45 厘米，茎直立，被腺毛。叶片的形状是卵状椭圆形或者椭圆形，有很少是卵状披针形。花苞呈片叶状，有卵状披针形，有椭圆状披针形，顶生花序，花瓣有栗色或者紫红色。花瓣的形状有线状披针形或者线形，唇瓣深囊状椭圆形。

生长习性：杓兰生长在海拔 500~1000 米的林缘、灌木中。野生的杓兰一般生长在圣山幽谷的谷壁，透水和保水性良好的倾斜山坡或石隙，也生长于山溪边的峭壁上。杓兰喜欢夏季凉爽、湿润、半阴的环境。养杓兰最好避免阳光直射，在 15~30℃的气温下最为适宜。杓兰如在高温下加阳光暴晒，则叶子会出现灼伤或者枯焦，如气温太低，则会冻伤。杓兰是肉质根，宜在肥沃、疏松的壤土中生长。

分布区域：分布在中国黑龙江、吉林东部、辽宁和内蒙古北部等地。日本、朝鲜、韩国以及西伯利亚至欧洲也有分布。

小贴士：杓兰可入药用，它的上部茎叶可以入药，具有祛风、解毒、活血的功效。杓兰需注意病虫防治。如白绢病，此病通常发生在梅雨季节；炭疽病常年都有，高温多雨季节更为高发；介壳虫，俗称“兰虱”，在高温、湿气中、空气不流通的情况下繁殖最快。

花有栗色或紫红色萼片和花瓣

叶片呈卵形，有的呈卵圆形或椭圆形

茎圆柱形，直立，呈绿色或深绿色

花瓣的唇瓣呈深囊状

你知道吗？杓兰的养殖在春秋进行，一般每隔 3 年会分株一次。分株后每丛至少保存 5 个联结在一起的假球茎。在栽植的时候最好用富含腐殖质的壤土，栽植后将其放置在阴凉处 10~15 天，保持土质潮湿，然后慢慢减少浇水量，进行正常养护就可以了。

特征鉴别：杓兰最显著的特征是它的一个花瓣为囊状，开口向上，远观如一个可爱的小口袋，小口袋被风一吹，摇曳多姿。杓兰终年生长在云雾缭绕、遍地野花的高山上，2 朵花并列生长在一起时，像一对美丽又可爱的拖鞋，因此，杓兰也有“仙女的拖鞋”之称。

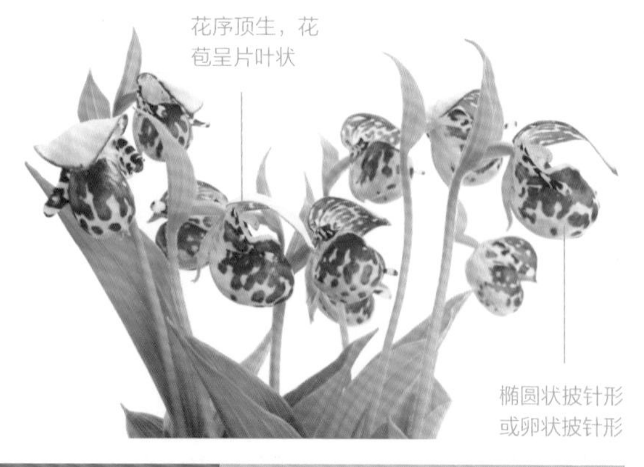

花期：6~7 月 | 目科属：天门冬目、兰科、杓兰属 | 别名：女神之花、仙女的拖鞋

褐花杓兰

植株高 15~45 厘米，根状茎短粗，花瓣卵状披针形，花朵一般呈深紫或紫褐色。喜湿润环境，多生长于海拔 2600~3000 米处。

扇脉杓兰

花序顶生，一花，花俯垂，萼片和花瓣呈淡黄绿色，基部有紫色斑点，茎被褐色长柔毛，直立，顶端生 2 枚叶片，近对生，叶片扇形。喜湿润环境，多生长于海拔 1000~2000 米处。

云南杓兰

花略小，有粉红色和淡紫红色，偶见灰白色，花朵有深色的脉纹，退化的雄蕊呈白色，中央具一条紫色条纹。多生长于海拔 2700~3800 米的松林、灌丛和草坡上。

绿花杓兰

花呈绿色至绿黄色，花序顶生，多为 2~3 朵，花瓣线状披针形，先端渐尖，稍扭转。多生长于海拔 800~2800 米的腐殖质丰富的林下。

粉红杓兰

粉红杓兰属于地生兰花，花粉色，多分布于加拿大的中部和东部以及美国中北部和东部，一般生长在林缘、草地的腐殖质土壤中。

紫点杓兰

濒危兰花种，是国家一级保护植物。经济价值较高，可作药用和园艺观赏，遍布中国大部分地区，生长于海拔 500~4000 米处的林下、灌丛或草地。

杓兰

杓兰的花语是高雅、美好，代表了美好的形象。杓兰又被称为“女神之花”，因此适合送给母亲、妻子等，以此赞美她们的美好品质。杓兰的另一个花语是无邪之花，因为它美丽而不带任何欲望。杓兰植株不高，一群群地生长有一起，远看像一群小孩子，有着小兜子模样的唇，圆滚滚、胖墩墩，天真无邪，张着嘴笑个不停。

凤眼莲

植物形态：多年生浮水草本植物，植株高 30~60 厘米。有发达的须根，这些须根漂浮在水面或者根系生长在浅水泥中。茎很短，长匍匐枝为淡绿色带紫色。叶片的形状有宽卵形、圆形和宽菱形，有弧形脉。紫蓝色的花序呈穗状，花冠两侧略对称；有卵形的蒴果。凤眼莲原产地是巴西，由于受生物天敌的控制，现在以观赏性种群零散分布在水体中。1884 年，在美国博览会上，凤眼莲被喻为“世界的淡紫色花冠”。

栽培方法：种子播种：2~3 月，将黄褐色的饱满种子放在 25~30℃的水中浸泡 10 天，然后播撒在水面上，1~2 周萌芽，幼苗分枝后即可移植。折叠根茎：凤眼莲腋芽较多，能发育为新的植株，匍匐枝较长，嫩脆易断，断离后亦能成为独立的新株，具有较强的无性繁殖能力。

穗状花序

小贴士：凤眼莲的花和叶可以直接食用，有润肠通便的功效。凤眼莲还有清热解暑、利尿消肿、祛风湿的作用。外敷在患处，可以治疗热疮。作为家禽的饲料，可以杀灭家禽体内的寄生虫。马来西亚将其作为蔬菜食用。

叶片圆形、宽卵形或宽菱形，表面深绿色，光亮

须根发达，棕黑色

生长习性：凤眼莲喜温暖、湿润的环境，具有一定的耐寒能力，水温在 18~23℃时适宜生长。生长于海拔 200~1500 米的水塘、沟渠及稻田中。

分布区域：分布于中国长江、黄河流域及华南地区。

你知道吗？凤眼莲是可以监测环境污染的一种植物，可检测水中是否有砷，还可净化水中汞、镉、铅等有害物质。凤眼莲对净化含有机物质较多的工业废水或生活污水有极大帮助。

花语：凤眼莲的花语是此情不渝，代表对感情、对生活至死不渝的追求。

花期：7~10 月 | 目科属：鸭跖草目、雨久花科、凤眼蓝属 | 别名：水葫芦、水浮莲、凤眼蓝

薤白

植物形态：多年生草本植物，有近球状的鳞茎，外皮黑色，叶片互生，苍绿色，呈半圆柱状狭线形，上面有沟槽，中空。圆柱状的花葶，高度 30~70 厘米。有球状或半球状的伞形花序，花多且密集，颜色有淡紫色或淡红色或白色，花丝等长，花被片呈矩圆状卵形至矩圆状披针形。

生长习性：适宜较温暖、湿润的气候，以疏松肥沃、富含腐殖质、排水性良好的沙壤土为佳。生长于海拔 1500 米以下的山坡、山谷、荒地、干草地、林缘及田间等。在海拔 3000 米的山坡，如云南和西藏等地也会出现。

分布区域：中国除新疆、青海外各省区均产，主要分布于中国长江流域和华北地区。俄罗斯、朝鲜、韩国和日本也有分布。

小贴士：薤白有理气、宽胸、通阳、散结的功效。可以治疗胸痹心痛、脘腹痞满胀痛、泻痢后重、疮疖等病症。中医长期将其用于治疗肺气喘急等疾病。

花被片呈矩圆状卵形至矩圆状披针形

花淡紫色或淡红色或白色

叶互生，苍绿色，半圆柱状狭线形

鳞茎近球状

你知道吗？薤白的功效堪比三七，但是比三七实惠很多。薤白还可以入菜，取薤白头，用盐腌制，加白糖和白醋调味，放在阴凉的地方，2~3 周后即可食用。除此之外，可以煮薤白粥、薤白陈皮饮、瓜蒌薤白半夏汤等。

伞形花序，半球状至球状，具有多而密集的花

花葶圆柱状

花期：5~7 月　目科属：天门冬目、石蒜科、葱属　别名：小根蒜、山蒜、苦蒜、小么蒜、小根菜

山丹百合

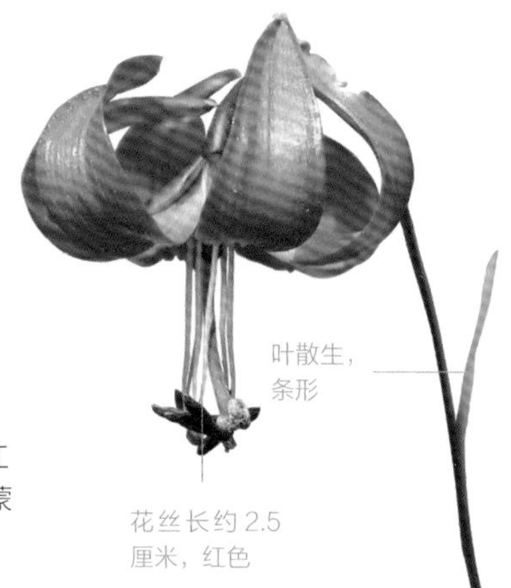

植物形态： 多年生草本植物，有近宽球形的鳞茎和宽卵形的鳞片，呈白色。茎中带有紫色条纹，还有白色的绵毛。散生叶，呈披针形或者矩圆状披针形。有3~6朵花甚至更多，花朵下垂，有披针形的花被片，颜色为橙红色。

生长习性： 喜阳光充足，耐寒，宜微酸性土壤，忌硬黏土。多生长于山坡、丘陵草地或灌木丛中。

分布区域： 分布在中国吉林、辽宁、内蒙古、河北、河南、山东、江苏、江西、湖南、湖北、陕西、四川、贵州等地。俄罗斯、朝鲜、蒙古也有分布。

栽培方法： 山丹百合使用鳞片扦插法栽培，覆盖10~12厘米深的土壤，株距适当，春末或秋中栽培；另外也可使用插播栽培，冬末或早春时，种子埋入土中，2~4周发芽后进行移植。

小贴士： 山丹百合可用来煲汤，具有良好的滋补作用；可煮粥食用，滋阴润燥；外敷有消肿止血的功效；可搭配其他食物煮食、炒食或腌制，还可以泡茶。

花语： 山丹百合的花语是团结、早生贵子。

花期：7~8月	目科属：百合目、百合科、百合属	别名：山丹、山丹花、山丹子、细叶百合

卷丹百合

植物形态： 多年生草本植物，有近宽球形的鳞茎和宽卵形的鳞片，呈白色。茎中带有紫色条纹，还有白色的绵毛。散生叶，呈披针形或者矩圆状披针形。有3~6朵花甚至更多，花朵下垂，有披针形的花被片，颜色为橙红色。

生长习性： 喜向阳和干燥的环境，耐寒，怕高温酷热和多湿的气候，忌干旱。日光充足、略微遮阳的环境对于其生长更为有利。卷丹百合喜欢含腐殖质多且深厚的土，最忌硬黏土壤。多生长在海拔400~2500米的山坡灌木林下、草地、路边或水旁。

分布区域： 主要分布在中国江苏、浙江、安徽、江西、湖南、湖北、广西、四川、青海、西藏、甘肃、陕西、山西、河南、河北、山东和吉林等地。日本、朝鲜也有分布。

小贴士： 卷丹百合既可以入药，也可以作为蔬菜食用，可搭配其他食材煮食、炒食或腌制。卷丹百合可以用于治疗感冒咳嗽，祛痰、清痰火、养五脏，有补虚损、安神定心、清肺润肺的功效。

花语： 卷丹百合属于百合花，人们将它看成百年好合的象征，代表着美好的爱情。卷丹百合的花语是百年好合、家庭美满、伟大的爱和深深的祝福。

花期：7~8月	目科属：百合目、百合科、百合属	别名：卷丹、倒垂莲

有斑百合

植物形态：多年生草本植物，有卵状球形的白色鳞茎，茎直立，基部还簇生很多不定根，植株高30~70厘米，近基部的地方有时还带有紫色。叶互生，条状披针形或者条形，没有柄，有3~7条叶脉。花有单朵的，还有数朵的，茎的顶端生有总状花序，花瓣是深红色的，上面还带有褐色斑点。有矩圆形的蒴果。

生长习性：喜湿润阴暗的环境，生长于海拔600~2170米的阳坡草地和林下湿地。生长适温为15~25℃，温度低于10℃时生长速度会减缓。适宜肥沃、疏松和排水良好的沙壤土。每天增加光照时间6小时，有助于提早开花。

分布区域：分布于中国、朝鲜和俄罗斯。在中国分布于河北、山东、山西、内蒙古、辽宁、黑龙江和吉林。

栽培方法：有斑百合的繁殖方法分为有性繁殖和无性繁殖。有性繁殖获取的种苗量大，主要目的是培育新品种，但缺点是播种生长慢且常有品种劣变。无性繁殖是有斑百合的主要繁殖手段，秋季等地上部分的枯萎后，起出三年生种球，选取成熟的大鳞茎，经过处理、培育，第二年春节即可出苗。

小贴士：有斑百合花色艳丽，可以用来布置花坛或者切花。有斑百合可以食用，炒制、腌制及煮制皆可，还可以泡茶饮用。花含芳香油，可作香料。有一定的药用价值，可用来治疗肺虚久咳、痰中带血、神经衰弱、惊悸、失眠等症状；也可治毒热、筋骨损伤、创伤出血、肺热咳嗽、月经过多、虚热等症状；还有润肺止咳、宁心安神的作用。

品种鉴别：有斑百合是百合科百合属渥丹的变种。有斑百合和原变种渥丹的区别是花被片有斑点，渥丹的没有斑点。有斑百合和另一种百合卷丹的外形极为相似，但有斑百合和卷丹的区别在于花被片是否卷曲，卷丹的花瓣卷曲，有斑百合的花瓣不卷曲。

花语：有斑百合一般被归为红百合，它的花语是热烈的爱情和喜事到来、好运来临。

花期：6~7月　目科属：百合目、百合科、百合属　别名：渥丹、山灯子花

崂山百合

植物形态：多年生草本植物，鳞茎片为细披针形，白色，有近球形的鳞茎。地上茎没有毛且直立。长椭圆形的叶片，有钝尖的先端，全缘，没有叶柄。茎顶生有花序，花朵有的单生，有的 2~7 朵排列组成总状花序，颜色为橙黄色；花被片是矩圆形，上面有淡紫色斑点。

生长习性：适应性强，耐寒，喜光照，在林荫或者崂山草坡处野生，在平地生长良好。喜欢含丰富腐殖质的土壤。适宜在水分充足、土壤良好的林荫生长。

花朵有的单生长于茎顶，橙黄色

叶片长椭圆形，先端钝尖，全缘，无叶柄

分布区域：分布在中国的山东和安徽。朝鲜也有分布。

栽培方法：种子放入温水中吸水，捞出后拌入湿沙，于 20 ℃恒温下催芽，喷水保湿。发芽后将种子插在土中，覆上 1 厘米厚的草炭或蛭石。出苗后注意遮阴，不能暴露在强光下。胚轴前端会长大成小鳞茎。

小贴士：崂山百合可以煮粥，可以搭配其他食材炒食，晒干后可以泡茶饮用；可以作为盆栽或插花进行观赏。鳞茎可作为中药，有润肺止咳、清心安神的疗效，用于治疗肺热咳嗽和咳唾痰血的病症；对虚烦惊悸、神志恍惚、脚气浮肿也有一定疗效。

花语：崂山百合的花语有“财富”之意，是生肖属鼠者的幸运之花。

花期：6~7 月	目科属：百合目、百合科、百合属	别名：青岛百合

紫萼

植物形态：多年生草本植物，粗壮的根茎有时可达 2 厘米粗，多直生，须根被有绵毛。叶基生，叶卵状心形、卵形至卵圆形。苞片紫白色矩圆状披针形，花一般单生，有直立的花葶，花梗的颜色是青紫色，花被是淡青紫色。花朵盛开的时候，从花被管向上逐渐呈漏斗状，颜色为紫红色。蒴果圆柱形，有三棱。

花被淡青紫色，盛开时呈漏斗状，紫红色

苞片矩圆状披针形，紫白色

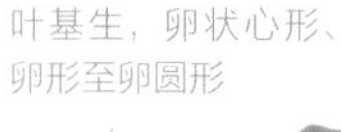

叶片先端通常近短尾状或骤尖，基部心形

小贴士：紫萼可以盆栽供人观赏，还可以做切花材料。紫萼的嫩枝叶可凉拌或炒制，食用前需要先焯水。花朵还可以用来泡茶饮用。紫萼全草有止血、止痛、解毒的功效。可以用于吐血、崩漏、湿热带下、咽喉肿痛、胃痛、牙痛的治疗。

花语：紫萼代表沉默理论派的个性，十足的理性，但好运总是由感性而来。花语是思念、浪漫、喜悦。

生长习性：紫萼生长于林下、草坡或者路旁，分布于海拔 500~2400 米的地方。喜温暖、湿润的气候，生长适温为 18~32℃，抗旱性强，耐阴，土壤的选择性差，分蘖力中等，耐寒冷，性喜阴湿环境，好肥沃的壤土。紫萼具有较强的环境适应能力。

分布区域：分布于中国江苏、安徽、浙江、福建、江西、广东、广西、贵州、云南、四川、湖北、湖南和陕西等地。

栽培方法：紫萼很容易繁殖，可通过播种法和扦插法进行繁殖。日照充足则生长较旺盛，想让紫萼长得枝繁叶茂，就要多给它晒太阳。紫萼由于枝繁叶茂且开花不断，需要经常修剪才能更好地生长；若长期不修剪，容易生黄叶，也会影响其观赏价值。

花期：6~7 月　目科属：天门冬目、天门冬科、玉簪属　别名：紫玉簪、白背三七、玉棠花

贝母

植物形态：多年生草本植物，有直立的茎，植株高 15~40 厘米。叶子的形状为披针形至线形，常对生，少数在中部轮生或散生，没有柄。花朵单生茎顶，下垂呈钟状，有 3 枚狭长形叶状苞片和弯曲成钩状的先端。花被的颜色通常是紫色，也有淡绿色、橙红色、黄色等。

生长习性：喜欢湿润、冷凉的环境，最佳的种植土壤是排水性良好、富含腐殖质和土层深厚、疏松的沙壤土。适宜生长温度是 7~20℃，在养殖的时候需要进行低温处理，注意控制好水分，忌干旱和积水。

分布区域：主要分布于北半球温带地区，特别是地中海区域、北美洲和亚洲中部。在中国四川、浙江、河北、甘肃、山西、云南、陕西和安徽等地分布。浙贝母主产于中国的浙江、江苏、安徽等地。

品种鉴别：按照品种将贝母分类，可分为川贝母、浙贝母和土贝母三类。其中川贝母是贝母中的珍品，价格也是最高的；浙贝母价格适中；土贝母是这三种贝母中最便宜的一种。

花下垂，呈钟状

花语：贝母的花语是忍耐。代表在烦闷的生活中乐观向上的美好品格。有着富有耐心、忍耐心强、做事认真的寓意。

花有橙红、黄、紫、淡绿等颜色

栽培方法：贝母可以用播种或分栽鳞茎的方法进行繁殖。播种：在秋季采收后先用温沙层贮藏种子，再于次年 4 月播种于露地，3~4 年后开花。分栽鳞茎：可于秋季扦插鳞片来进行繁殖。

小贴士：主要治疗热痰咳嗽、外感咳嗽、阴虚咳嗽、痰少咽干、咯痰黄稠、乳痈、痈疮肿毒、瘰疬等病症。脾胃虚寒、肺寒痰白的人不能食用。

叶披针形至线形，无柄

茎直立，高 15~40 厘米

花期：5~7月　目科属：百合目、百合科、贝母属　别名：勤母、苦菜、苦花、空草、药实

射干

植物形态：多年生草本植物，有不规则的块状根茎，斜伸，颜色有黄褐色和黄色，茎直立。叶子呈嵌叠状排列且互生，没有中脉，剑形。顶生花序，分枝呈叉状，每个分枝的顶端聚生数朵花。有长椭圆形或则倒卵形的蒴果，颜色为黄绿色，有黑紫色的圆球形种子。

生长习性：喜欢温暖的环境，对土壤的要求不高，在旱地和山坡上都可栽种，耐寒耐旱，适宜排水性良好、肥沃疏松和有较高地势的中性壤土或微碱性壤土，忌低洼地和盐碱地。在中国西南山区，海拔 2000~2200 米处也可生长。生长于林缘或山坡草地，大部分在海拔较低的地方。

分布区域：分布在中国大部分地区。广泛分布于全世界的热带、亚热带及温带地区，分布中心在非洲南部及美洲热带地区。

花序顶生，叉状分枝，顶端聚生数朵花

花被裂片 6 瓣

小贴士：射干可用来入药，可治疗感冒风热、痰热壅盛所导致的咽喉肿痛等症状，也可用于痰涎壅盛、咳嗽气喘等症，还可以治疗腹部积水、皮肤发黑、乳痈初起等病症。射干的叶片青翠碧绿，花朵娇小艳丽，花形飘逸，非常适合作花境。

花语：射干的花语是个性美、幸福逐渐到来。赠送别人射干的时候，有一定的礼仪。需要让射干平着放在礼物盒中，让对方看到射干叶子的青翠碧绿，充分欣赏它的美丽。

栽培方法：射干种子的繁殖可采用直播和育苗移栽，播种的时期因为地点和地膜覆盖的不同，会出现不一样的结果。一般多采用根茎繁殖的方法进行繁殖，因为这种方式繁殖得快。也可使用种子进行繁殖。

叶互生，嵌叠状排列，剑形

花期：6~8 月　目科属：天门冬目、鸢尾科、射干属　别名：乌扇、乌蒲、黄远、乌蓮、夜干、草姜

唐菖蒲

植物形态：多年生草本植物，有直立且粗壮的茎，植株高50~80厘米，有很少分枝或不分枝，还有扁圆形的球茎。叶子的颜色是灰绿色的，呈剑形。有蝎尾状的单歧聚伞花序。花两侧对称且是苞内单生，颜色有黄色、红色、粉红色和白色等多种不同的颜色。有倒卵形或椭圆形的蒴果，种子扁而有翅。

生长习性：唐菖蒲喜阳光，忌寒冻，不耐过度炎热。温度过高不利于其生长，最适宜的温度为20~25℃，5℃以上的土温，球茎即可发芽。唐菖蒲是典型的长日照生物，光照不足会影响其开花的数量和质量。

分布区域：原产于非洲好望角，南欧、西亚等地中海地区亦有分布。在中国各地均有分布。

小贴士：唐菖蒲可以解毒散瘀、消肿止痛，还可以用于跌打损伤、咽喉肿痛的治疗上；外用可以治疗腮腺炎、疮毒和淋巴结炎。唐菖蒲不可以过量服用，不然会出现眩晕等不适症状。烦躁汗多、咳嗽、吐血的人需要慎重服用。

蝎尾状单歧聚伞花序

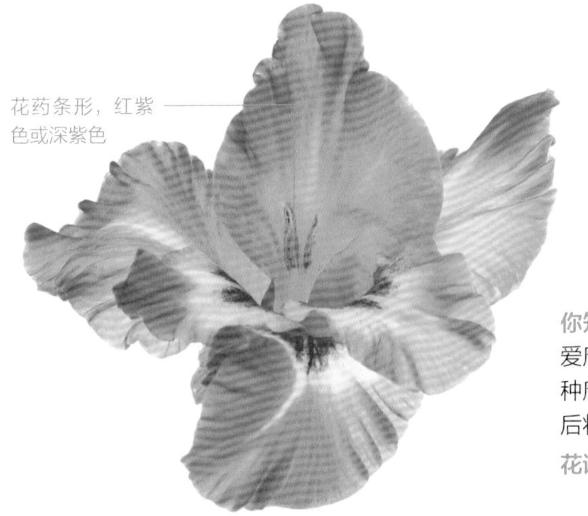

花药条形，红紫色或深紫色

你知道吗？ 17世纪，非洲好望角的贵族太太们很喜爱唐菖蒲。1807年，英国传教士威廉·赫伯特用11种唐菖蒲杂交，培育出了3种不同花色的新品种。随后将其传播到了欧美各国。

花语：唐菖蒲的花语是怀念之情。

花期：7~9月　目科属：天门冬目、鸢尾科、唐菖蒲属　别名：菖兰、剑兰、扁竹莲、十样锦、十三太保

品种鉴别:

● 绯红

球茎呈大型球状，株高 90~120 厘米，茎圆为圆柱形，小花多为钟形，开花 6~7 朵，颜色呈绯红色，具大形白色斑点。因此，绯红唐菖蒲又名“红色唐菖蒲”。

● 多花

多花唐菖蒲的花瓣为纯白色，洁白素净，象征着美好、纯洁，深受很多人的喜爱，多花唐菖蒲也是唐菖蒲的原生品种，开花数量较多，株型较大，茎圆柱形，植株高 45~60 厘米。

● 鹦鹉

株高 1 米左右，茎圆柱形，单枝着花 10~12 朵，盛开时侧向一方，花大，颜色多呈黄色或橘红色，具深紫色斑点且伴有紫晕。

● 紫斑

是唐菖蒲原生品种，球茎较大，茎圆柱形，开花数量适中，花瓣呈紫红色，是较为少见的唐菖蒲品种。因其外表艳丽多彩，深受爱花人士的喜爱。

● 报春花

球茎为较大形的球状，茎为圆柱形，植株矮小，一般着花 3~5朵，花盛开时侧向一方，花色多呈紫色或红紫色，略带红晕。

● 甘德

由鹦鹉唐菖蒲和绯红唐菖蒲杂交而出的品种，茎圆柱形，叶片特殊，植株高达 90 ~ 150 厘米，花序很长，而且开花时数量极多，花瓣多呈黄色，十分美丽，是很受欢迎的品种。

● 忧郁

忧郁唐菖蒲又叫作“圆叶唐菖蒲”，是很有特色的品种，忧郁唐菖蒲是唐菖蒲的原生品种，叶片为圆筒形，花瓣多为黄白色，但开花较为稀疏，盛开时十分美丽。

● 柯式

柯式唐菖蒲是唐菖蒲的杂交品种，由忧郁唐菖蒲和绯红唐菖蒲杂交而来，茎圆柱形，植株高达 60 厘米，叶片剑形，且呈灰绿色，开花数 2~4 朵，花瓣多为黄紫色。

蝴蝶花

花被裂片中脉上有隆起的黄色鸡冠状附属物

植物形态：多年生草本植物，直立的扁圆形根状茎，颜色是深褐色的，有黄白色的横走根状茎。须根生长在根状茎的节上，有较多分枝。叶子基生，呈剑形，颜色是暗绿色，接近地面的地方带有红紫色。有直立的花茎，顶生稀疏的总状花序，苞片叶状，卵圆形或宽披针形。

生长习性：蝴蝶花耐阴，耐寒，散生长于林下、溪旁的阴湿处。喜光照，日照不良的情况下开花的质量不佳。以中性含有机质的土壤最为适宜。适宜的生长温度为白天 15~25℃、夜间 3~5℃。

分布区域：原产于欧洲北部，中国南北方栽培普遍。主要分布在中国的江苏、安徽、浙江、福建、湖北、湖南、广东、广西、陕西、甘肃、四川、贵州和云南等地。

花盛开时向外展开

叶基生，暗绿色，剑形

栽培方法：蝴蝶花多为种子繁殖。每年 11 月采种，将种子洗净，用 0.1% 的稀酸溶液浸泡 24 小时，种壳软化后再播种，覆土 1.5 厘米后盖草。盆播应经常浇水、松土，使苗尽快出土。留床 2 年可换床分栽，4~5 年可移栽。

小贴士：蝴蝶兰有清热解毒、散瘀止咳、利尿的作用；还可用于咳嗽、小儿瘰疬、无名肿毒的治疗。蝴蝶兰有芳香的味道，可作观赏用，也可以用于香精的提取原料。

花语：蝴蝶花的颜色不同，花语也会不同。红色的蝴蝶花代表思虑和思念；黄色的蝴蝶花代表忧喜参半；紫色的蝴蝶花代表无条件的爱。

花瓣淡蓝色或蓝紫色

花期：4~5 月　目科属：天门冬目、鸢尾科、鸢尾属　别名：兰花草、开喉箭、扁竹、过山虎

水烛

植物形态：水生或沼生的多年草本植物，植株很高大。根是环绕在短缩茎上的须根，细长，白色。地上的茎粗壮且直立。叶片大多数是扁平的，狭长线形，海绵状；叶鞘抱茎。有较长的穗状雄花序和圆柱形的雌花序，雌雄同株，在开花受精后会形成果穗。

生长习性：性喜潮湿、阴暗的环境，常生长于湖泊、河流、池塘浅水以及河湖岸边的沼泽地。当水体干枯时，也会在湿地及地表龟裂的环境中生长。比较耐寒，喜欢光照，对土壤的要求不高，适应性很强。

分布区域：分布在中国的大部分地区。日本、俄罗斯、欧洲、尼泊尔、印度、巴基斯坦，以及美洲和大洋洲等地区也有分布。

品种鉴别：水烛跟香蒲外观相似，主要区别在于，水烛比香蒲植株更高大，在同等情况下，水烛比香蒲高 1 米左右；水烛又称“狭叶香蒲”，叶片狭而厚，横切面呈月牙形；水烛叶子为深绿色，而香蒲的叶子颜色较浅；香蒲在生长初期叶子先端会枯萎，而水烛一般会在生长晚期枯萎；水烛的花序雌花与雄花不相连，而香蒲的雌花与雄花相连。

雌花序打散后即为蒲绒，蓬松柔软，可作枕芯和坐垫的填充物

小贴士：水烛的花粉可以作为中药蒲黄，具有止血化瘀的功效。还可以增加冠脉血流量、改善微循环、防止血小板凝聚等。水烛具有很高的生态环保价值，可以起到净化环境的效果。水烛的叶片坚韧，可用来编制、造纸等。

花语：水烛的花语是卑微。

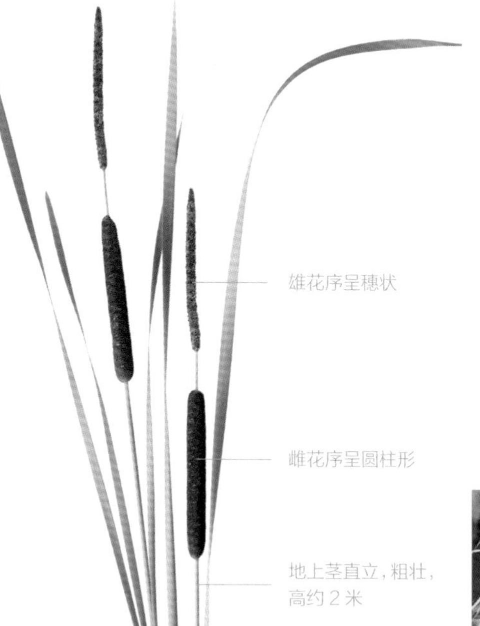

叶片扁平，狭长线形

花期：5~9 月　目科属：禾本目、香蒲科、香蒲属　别名：水蜡烛、狭叶香蒲、蒲黄

饭包草

植物形态：多年生披散草本植物，茎上部直立，基部匍匐，根生长在匍匐茎的节上。叶片上的叶脉很明显，叶片呈卵形或者椭圆状卵形，全缘。佛焰苞片呈压扁的漏斗状，被疏毛。花数朵组成聚伞花序，花瓣的颜色为蓝色。萼片膜片，呈披针形。

生长习性：喜欢高温、多湿的环境，以湿润、肥沃的低地为佳。生长于海拔 350~2300 米的地区。多生长于山坡、路边、砖缝等干湿地带。夏天天气炎热，多雨和潮湿的环境下饭包草生长迅速。

分布区域：分布在中国河北、山东、河南，以及华东和长江流域以南各地。在亚洲和非洲的热带、亚热带广布。

品种鉴别：饭包草和鸭跖草长相相似，它们的区别在于，饭包草是多年生植物，鸭跖草是一年生植物；饭包草叶子有叶柄，鸭跖草几乎没有；饭包草花苞无柄，苞片基部连合，鸭跖草苞有长柄，苞片基部不连合；饭包草有 3 瓣花瓣，花为蓝色，鸭跖草的花为白色。

小贴士：饭包草是一种中药植物，以前多野生，现在基本都由人工栽培繁殖。饭包草有清热解毒、利湿消肿的疗效，可以治疗小便短赤涩痛、赤痢、疔疮等病症。饭包草的嫩叶可以作为野生蔬菜食用，通常用于凉拌。饭包草的蓝色小花绽放时很美，常常被作为盆栽供人欣赏。

花语：饭包草的花语是永恒的爱，也象征着平凡的老百姓。

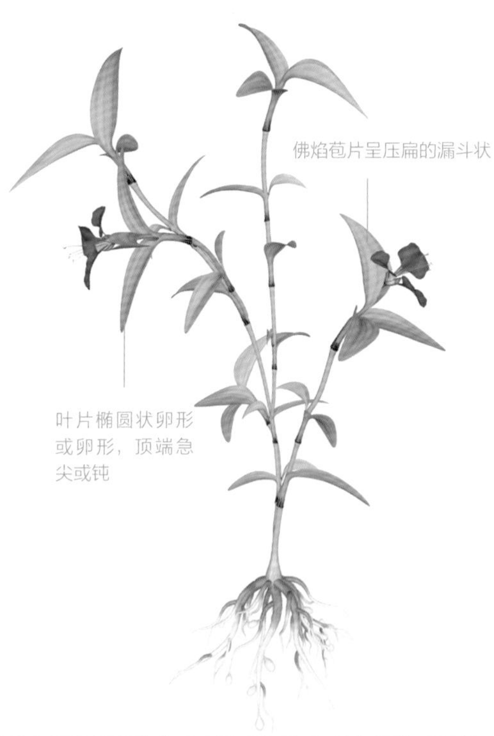

花期：夏、秋	目科属：鸭跖草目、鸭跖草科、鸭跖草属	别名：火柴头、卵叶鸭跖草、大号日头舅、千日菜

鸭跖草

上花瓣蓝色，下花瓣白色

植物形态： 一年生披散草本植物，茎多分枝，匍匐生根，上部被短毛，下部没有毛。叶带肉质且互生，叶子的形状为披针形至卵状披针形。花朵顶生或者腋生，聚伞花序，花瓣中上面的 2 瓣颜色是蓝色的，下面的 1 瓣颜色是白色的，有佛焰苞状的花苞，颜色是绿色的。还有椭圆形的蒴果和 4 颗种子，呈棕黄色。

生长习性： 喜温暖、湿润的环境，耐寒，喜弱光，忌阳光暴晒，可在阴湿的田边、溪边、村前屋后种植。对土壤的要求不高，耐旱性强。适宜生长温度 20~30℃，夜晚温度 10~18℃有助于生长。

分布区域： 主产于热带，少数种产于亚热带和温带地区。在中国，分布于云南、四川、甘肃以东的地区。朝鲜、韩国、日本、俄罗斯，以及北美地区也有分布。

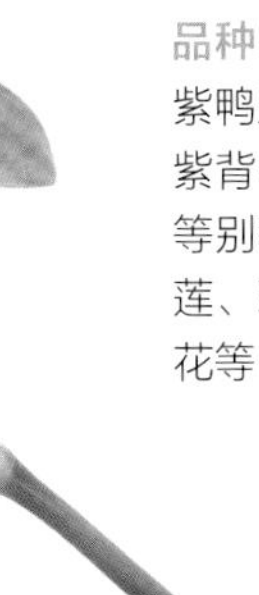

品种鉴别： 鸭跖草分为两大类，即紫鸭跖草和蓝鸭跖草。紫鸭跖草还有紫背鸭跖草、洪三七、红七川、紫竹梅等别称。蓝鸭跖草又叫野蝴蝶花、半日莲、碧竹子、兰花草、竹叶菜、淡竹叶花等。

聚伞花序顶生或腋生

叶互生，叶披针形至卵状披针形

茎圆柱形，肉质

栽培方法： 鸭跖草在 2 月下旬至 3 月上旬在温室用种子育苗。播种前，种子需要用 25℃左右的温水浸泡 8 小时，并在 25℃下催芽 3~5 天，需要等到种子露白后才可以播种。通过扦插技术或分株技术也可以进行鸭跖草的栽培。

小贴士： 鸭跖草有清热解毒的功效，可以治疗关节肿痛、疮疖脓疡、痈疽肿毒等病症。鸭跖草鲜食或干食皆可。

花语： 鸭跖草的花语是希望、理想。鸭跖草还是处女座的幸运花。

花期：夏、秋　目科属：鸭跖草目、鸭跖草科、鸭跖草属　别名：鸡舌草、鼻斫草、碧竹子、碧竹草、三荚子菜

雨久花

植物形态：直立水生草本植物，植株高 30~70 厘米，茎直立。叶全缘，呈宽卵状心形，基生，有很多弧状脉。茎生叶抱茎，基部增大成鞘。有顶生的总状花序，有时会再聚成圆锥形花序，还有椭圆形的花被片；花瓣的颜色是浅蓝色的，呈长圆形。有长卵圆形的蒴果。

生长习性：性强健，耐寒，喜光照充足，多生长于沼泽地、水沟及池塘的边缘。在 18~32℃的温度范围内生长良好，冬天的温度不要低于 4℃，不然不利于开花。主要生长在浅水池、水塘、沟边、沼泽地和稻田中。

分布区域：主要分布于中国东北、华南、华东、华中地区。日本、朝鲜、韩国，俄罗斯西伯利亚地区，以及东南亚各国也有分布。

总状花序顶生，有时再聚成圆锥形花序

花药黄色，花丝呈丝状

茎直立，高 30~70 厘米

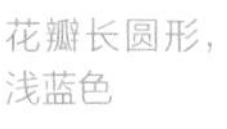

花瓣长圆形，浅蓝色

栽培方法：如果温度不适、光照不够、水分不足，会导致雨久花出现黄叶。所以，当温度高于 35℃时需要增强通风或者将其移到半阴处，温度低于 15℃时则要转移到室内向阳处。夏天可以将其移到半日照环境中，其余季节可以在全日照环境中养护，并且要勤浇水。

小贴士：雨久花有祛湿消肿、清热解毒、止咳平喘的功效，可以用于高热咳喘、小儿丹毒的治疗。雨久花营养丰富，还可以用作家畜和家禽的饲料。雨久花与其他水生植物搭配可以用来布置园林水景。

花语：雨久花是一种很美丽的花，它的花瓣偏紫色，具有非常高的观赏价值。雨久花的花语是天长地久、此情不渝。

花期：7~8 月 | 目科属：鸭跖草目、雨久花科、雨久花属 | 别名：浮蔷、蓝花菜、蓝鸟花、水白花

铃兰

叶椭圆形或卵状披针形

植物形态： 多年生草本植物，植株高 18~30 厘米且植株上面没有毛，常成片生长。叶子呈卵状披针形或者椭圆形，花朵下垂呈钟状，总状花序，苞片披针形，膜质，卵状三角形裂片，花柱较花被略短。入秋之后会结出暗红色的圆球形浆果，果实有毒，里面有 4~6 颗种子，呈双凸状或者扁圆形，表面上有细网纹。

生长习性： 喜凉爽、湿润的环境，耐寒，忌炎热干燥。在空气湿润、土壤排水性良好、上有遮阳的生态环境里生长发育得最好。生长于林坡下的潮湿地带或沟边，海拔 850~2500 米。铃兰植株矮小，花朵芳香，暗红色的果实特别娇艳。适用于花坛、花境、草坪、坡地、岩石园栽植，也可以作盆栽进行观赏。

圆球形暗红色浆果，稍下垂

浆果内有种子 4~6 颗，扁圆形或双凸状

分布区域： 主要分布在北半球的温带，欧洲、亚洲和北美洲均有分布。在中国主要分布于黑龙江、吉林、辽宁、内蒙古、河北、山西和山东等地。

小贴士： 铃兰花的植株和花朵都很小，远远看上去像是满天星，有很高的观赏价值。铃兰可以截留和吸纳空气中的微粒和烟尘，减少尘埃对家居环境的影响，可以净化空气并抑制杀灭部分真菌。铃兰的香气可以让人身心愉悦，有助于睡眠。铃兰带花全草可供药用，有利尿、强心的功效。

花语： 铃兰花色洁白，花朵像一个个小风铃，特别可爱，适合送给心爱的人。铃兰是一种拥有美好寓意的花朵，代表着幸福的到来。铃兰花在不同的国家有不同的含义，如在英国代表纯洁，在法国则代表祝福、希望和爱情。

总状花序，花白色，钟状

花期：5~6 月　目科属：天门冬目、百合科、铃兰属　别名：草玉铃、君影草、香水花、鹿铃

野韭菜

植物形态： 多年生草本植物，有弦状根和须根系，分布较浅。鳞茎呈狭圆锥形。叶条形至宽条形，基生，颜色是绿色，有较为明显的中脉。顶生的伞形花序，呈近球形，花密集且有多数，颜色为紫红色或者白色，花瓣呈披针形至长三角状条形。有倒卵形的蒴果，种子的颜色是黑色。

生长习性： 喜温暖、潮湿和阴暗的环境。野韭菜需要肥力足够、土质疏松、排水性较好的土壤。夏季要注意排水工作，进行遮雨。

分布区域： 主要分布在中国黑龙江、吉林、辽宁、河北、山东、山西、内蒙古、陕西、宁夏、甘肃、青海和新疆等地。

品种鉴别： 韭菜和野韭菜外形相似，但很容易区分，野韭菜比韭菜味道更浓厚；野韭菜纤维比韭菜粗，口感发硬，不如韭菜鲜嫩。

伞形花序顶生，近球形，多数花密集

小贴士： 野韭菜具有活血散瘀、祛风止痒、祛烦热的功效。野韭菜还有补肾益阳、除湿理气、散血解毒的功效。对于腰膝酸软、阳痿、便秘、尿频、痛经、痢疾等病症有一定的疗效。野韭菜还可以帮助毛发生长，对毛发脱落有一定帮助。

花语： 野韭菜的花语是奉献。

花瓣披针形至长三角状条形

花紫红色或白色

花期：夏、秋 | 目科属：天门冬目、石蒜科、葱属 | 别名：野韭、山韭、山葱、岩葱、宽叶韭

雄黄兰

多花组成疏散的穗状花序

植物形态：多年生草本植物，植株高 50~100 厘米，叶剑形，基生，有扁圆球形的球茎，还有披针形短而狭的茎生叶。多花组成疏散的穗状花序，花茎多分枝，花的颜色为橙黄色，两侧对称，有倒卵形或者披针形的花被裂片，略微弯曲的花被管上着生“丁”字形的花药。

生长习性：性喜向阳，耐寒。以疏松肥沃、排水性良好的沙壤土为佳，繁殖期要求土壤有充足的水分。雄黄兰球茎可露地越冬。

分布区域：原产于南非。现中国全国各地都有分布，北方多为盆栽，南方可露地栽培。

品种鉴别：在花市里，常将雄黄兰称作“火焰兰”，然而这两种花还是有很大差别的，火焰兰为兰科火焰兰属。雄黄兰为鸢尾科雄黄兰属，在盛夏季节花开不断，非常适宜布置花径、花坛，其枝条曲线优美，是极好的线状花材，常与洋桔梗一起搭配。

栽培方法：雄黄兰以分球繁殖为主，春季开始萌芽前将球茎挖出，分球栽植，每株相距 10~20 厘米，深度约球茎的 3 倍高度，一般 3 年可分球一次。

小贴士：雄黄兰有解毒、消肿、止痛的作用，对全身筋骨疼痛、疮肿、跌打损伤、外伤出血的治疗有一定疗效，还可以用在蛊毒、脘痛、痄腮等病症的治疗中。雄黄兰可作观赏植物，地栽、盆栽皆可。

花语：雄黄兰花朵艳丽，像一个热情似火的姑娘，所以它的花语有热情奔放的意思。很多人将雄黄兰送给自己最爱的人，表达一生一世永远不忘，所以它的另一个花语是忘不了的人。雄黄兰还代表着将过去美好的事物留在心中，回忆起来就会感到特别甜蜜，所以它有快乐回忆的意思。

花期：7~8 月　目科属：天门冬目、鸢尾科、雄黄兰属　别名：倒挂金钩、黄大蒜、观音兰、金扣子

鸭舌草

植物形态：多年生草本植物，茎斜上或者直立，有柔软的须根。叶茎生或基生，叶形有心形、宽卵形、长卵形至披针形。开 3~6 朵花，从叶鞘中抽出总状花序，有花柄，还有钟状花被，花的颜色是蓝紫色。有长卵形的蒴果，室被开裂，有较多种子。

生长习性：喜欢阴暗、潮湿的环境，生长于潮湿地区或者水稻田中。休眠期较长，早春后解除休眠开始生长。种子萌发的起点温度为 13~15℃，变温有利于萌芽，最适宜的温度为 20~25℃，30℃以上萌发会受到抑制。

分布区域：主要产地在中国西南、中南、华东和华北地区。

花蓝紫色，具有花柄

叶基生或茎生，心形或宽卵形

品种鉴别：鸭舌草和鸭跖草的名字很像，但它们是不同的植物。外观上，鸭舌草总苞无柄或柄极短，而鸭跖草总苞有较长的柄。功效上，鸭跖草有非常不错的清热泻火作用，而鸭舌草是比较常见的野草，常用作猪饲料。

小贴士：鸭舌草的嫩茎叶在焯水后，可以凉拌、炒食或者煲汤。鸭舌草炖肉，既美味，又可以清热抑菌。鸭舌草有清热、凉血、利尿、解毒的功效，外用对虫蛇咬伤和疮疖有一定治疗作用。

茎直立或斜上

花语：鸭舌草的花语是诱人的爱。

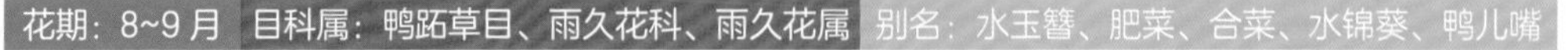

球兰

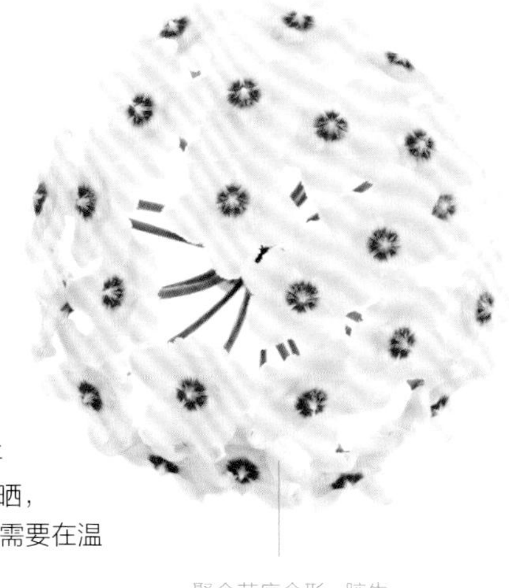

聚伞花序伞形，腋生，着花约 30 朵

植物形态： 多年生草本植物，属于攀缘灌木，附生在石上或者树上，茎节上生有气根。叶肉质，对生，卵圆形至卵圆状长圆形。伞形聚伞花序，着花 30 朵左右，花的颜色为白色，直径约为 2 厘米，花冠呈辐状，副花冠呈星状，蓇葖光滑，线形。种子顶端上有白色绢质种毛。球兰的花朵呈球状，由一朵朵小花簇拥而成，像是一个穿着红色点点裙的青春少女，有很高的观赏价值。

生长习性： 耐干燥，但是忌烈日暴晒，喜欢半阴、高湿、高温的环境，以排水性良好和富含腐殖质的土壤为佳。生长于平原和山地，附生于树上或石上。夏秋季需保持高温，但不可暴晒，日照过强会让叶片泛黄、无光泽。除了华南温暖地区外，盆栽需要在温室过冬。每天保持 3~4 小时的光照，方能开花。

分布区域： 球兰原产于中国华南，以及东南亚各国和大洋洲等地。在中国分布于云南、广西、广东、福建和台湾等地。

栽培方法： 球兰有扦插和压条两种栽培方式。扦插是夏末时取 8~10 厘米枝叶或花的顶端，晒干后插入土中生长；压条是春末夏初时在茎节间处刻伤，包上水苔，生根后放进盆栽。球兰喜静不喜动，每次换盆后，要过很久才开始生长，因此尽可能一次种植好。

小贴士： 球兰的枝茎匍匐生长，可以作吊盆或攀缘在其他物体上，作装饰用。球兰有清热解毒、祛痰止咳的作用，可用于荨麻疹并发肺炎、鼻衄、乳腺炎的治疗；有补虚弱、催乳的功能，可治疗肺炎、支气管炎、睾丸炎、风湿性关节炎、小便不利等病症。

花语： 球兰的花语是青春美丽。它的花语就像花朵一样，独立枝头，尽情绽放自己的青春和活力。

花白色，直径 2 厘米

裂片内面多乳头状凸起

副花冠星状，外角急尖，中脊隆起

花期： 4~6 月　**目科属：** 龙胆目、夹竹桃科、球兰属　**别名：** 马骝解、狗舌藤、铁脚板、绣球叶、金丝叶、牛舌黄

落新妇

植物形态：多年生草本植物，植株高 50~100 厘米，有粗壮的根状茎，颜色为暗褐色，茎上没有毛，基生叶为羽状复叶，顶生小叶片菱状椭圆形，侧生小叶片卵形至椭圆形。花序呈圆锥形，几乎没有花梗，有卵形苞片，花朵密集，有卵形萼片，花瓣的颜色是淡紫色至紫红色。落新妇是一种原产于欧洲的花卉植物，叶形美观，叶子呈现翠绿色，花序很大，有很高的观赏价值，现在中国很多城市都能看到它。

生长习性：耐寒，性强健，喜欢半阴和湿润的环境，忌暴晒，对土壤有较强的适应能力，以排水性良好、微酸性的沙壤土为佳。一般生长在海拔 400~3600 米的山坡林下阴湿地或林缘路旁的草丛中，大落新妇生长在海拔 400~2000 米的山谷、溪边和林中。

侧生小叶片卵形至椭圆形

分布区域：主要分布在中国浙江、江西、河南、湖北、湖南、四川、黑龙江、吉林、辽宁、河北、山西、陕西、甘肃、青海、山东、云南等地。俄罗斯、朝鲜、韩国、日本等国也有分布。

栽培方法：落新妇播种后 2~3 周会发芽，温度要保持在 22~25℃。注意种子不要阳光直射，无需覆盖，栽培的介质要保持湿润。发芽 4~6 周时先移植到 3~4 厘米深的花盆中，6~10 周后再移植到 10~12 厘米深的花盆中。

小贴士：落新妇的幼苗嫩叶可以食用，洗净，沸水焯烫，换清水浸泡，凉拌、炒食、炖食、蘸酱均可。落新妇也是一种观赏性植物，可作盆栽或切花材料；可以吸收有害气体和粉尘，是天然的“空气净化器”。落新妇有散瘀止痛、祛风除湿、清热止咳的作用。

花语：落新妇的花语很美，有着很美好的寓意，它的花语代表我愿清澈地爱着你。在欧洲，落新妇常被用在婚礼上，祝福夫妻恩爱、幸福快乐。

茎生叶2~3枚，较小

花期：6~9月 目科属：虎耳草目、虎耳草科、落新妇属 别名：小升麻、虎麻、金毛三七、术活、马尾参、阿根八

月见草

植物形态： 多年生草本植物，植株高 50~100 厘米，有粗壮的根状茎，颜色为暗褐色，茎上没有毛，基生叶为羽状复叶，顶生小叶片菱状椭圆形，侧生小叶片卵形至椭圆形。花序穗状，几乎没有花梗，有叶状苞片，花朵密集，有卵形萼片，花瓣的颜色为黄色或淡紫色。

生长习性： 月见草耐酸耐旱，耐寒冷，不耐湿，适应性强，对土壤的要求不严。适宜在微碱性或微酸性、排水性良好、疏松的土壤中生长。喜欢光照，忌积水，喜欢通风的环境。

分布区域： 原产于北美地区，早期引入欧洲，后迅速传播至世界大部分温带与亚热带地区。在中国分布于东北、华北、华东、华中和西南地区。

侧生叶卵形
至椭圆形

苞片叶状

栽培方法： 选择整地栽培，在盆底放 2~3 厘米的粗粒基质作为滤水层，撒上厚 1~2 厘米腐熟的有机肥，放入植株，浇一次透水。幼苗长到5~6叶时，使用喷雾灭草。7 月下旬和 8 月上旬分别进行一次人工拔草。

小贴士： 月见草常用于栽培观赏。花中可以提炼出芳香油，种子可榨油用于食用和药用，茎皮纤维可以制绳。月见草有祛风湿、强筋骨的功效，可活血通络、消肿敛疮，对小儿多动、风湿麻痹、腹痛泄泻、痛经、疮疡和湿疹也有治疗功效。

花语： 月见草中文还翻译为“晚樱草”，日文翻译为“待霄草”，因为它只在夜晚开花，到了白天就会凋谢。当女性以月见草赠予男性时，代表默默的爱。月见草还代表不屈的心、自由的心。

花期：6~10 月　目科属：桃金娘目、柳叶菜科、月见草属　别名：晚樱草、待霄草、山芝麻、夜来香

柳兰

植物形态：多年生草本植物，植株高 50~100 厘米，有粗壮的根状茎，颜色为暗褐色，茎上没有毛，基生叶为羽状复叶，顶生小叶片菱状椭圆形，侧生小叶片卵形至椭圆形。花序呈圆锥形，几乎没有花梗，有卵形苞片，花朵密集，有卵形萼片，花瓣的颜色是淡紫色至紫红色。柳兰有 4 枚细长的花萼，颜色是比花蕊更深的紫色，生在 2 瓣花瓣之间。

生长习性：柳兰喜阳，耐阴，耐干旱，耐瘠薄，不耐炎热，喜水湿，喜深厚肥沃的土壤。适生长于湿润肥沃、腐殖质丰富的土壤。在肥沃、排水性良好的土壤生长健康。生长在中国北方海拔 500~3100 米、西南海拔 200~4700 米的草坡灌丛、火烧迹地、高山草甸、河滩、砾石坡中。

分布区域：在中国分布于西南、西北、华北和东北地区。世界范围内，主要分布于欧洲、亚洲、北美洲地区。

栽培方法：柳兰可使用种子、分株和扦插的方式繁殖。种子繁殖：每年 9~10 月，采集果实取出种子，翌年用温水浸泡种子 12 小时，催芽 5~7 天，20~25℃条件下播种，1 周后出苗。扦插繁殖：取嫩苗顶芽，放在有清水的桶内，然后摘掉下部叶片，插入湿沙中，温度保持在 15~20℃，10~15 天生根，1 个月后移到盆中进行种植。分株繁殖：春季挖出根茎，分成若干段埋入地下，即可生长。

小贴士：柳兰的嫩苗煮后可作为沙拉食用，茎叶可以作猪饲料。柳兰花穗花色艳美，是理想的夏花植物，可栽植在庭院中装饰花坛或者花境，也可以作切花材料。柳兰有消炎止痛、治疗跌打损伤的疗效，还可以消肿利水、润肠，对于乳汁不足、气虚浮肿也有一定的治疗作用。

花语：柳兰的花语是野心。另一种花语是独具慧眼。

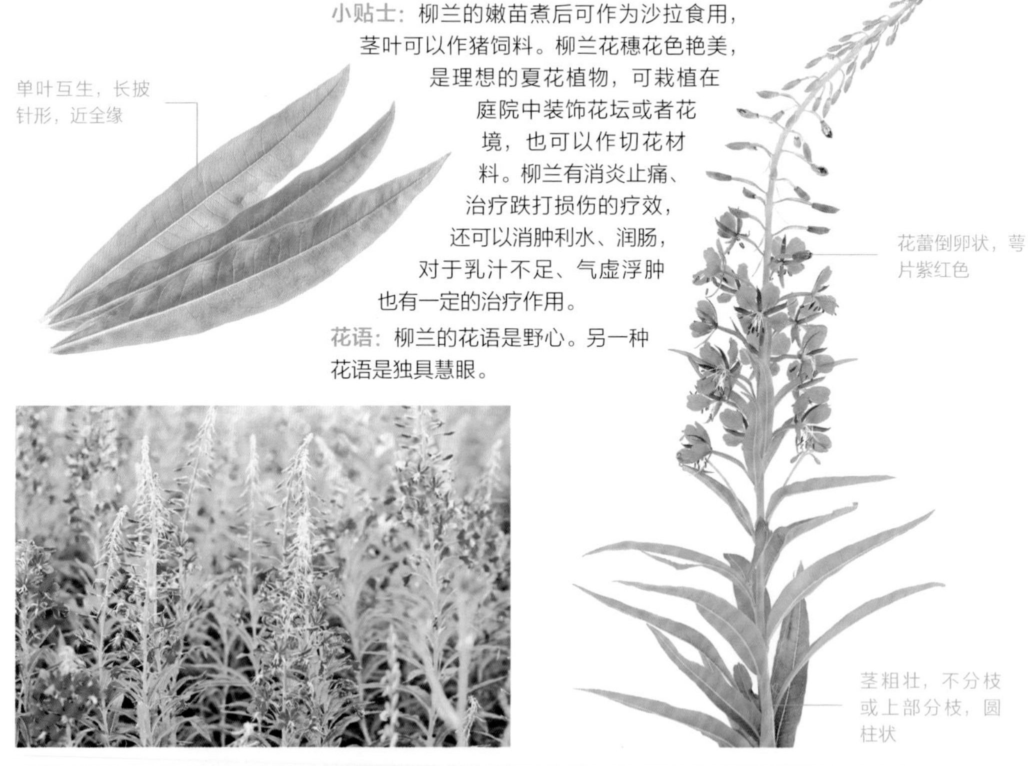

花期：6~9 月 | 目科属：桃金娘目、柳叶菜科、柳兰属 | 别名：铁筷子、火烧兰、糯芋

千屈菜

植物形态： 多年生草本植物，根茎粗壮，横卧于地下。茎多分枝，直立，全株颜色为青绿色。叶对生或者三叶轮生，呈阔披针形或者披针形，没有柄，全缘。总状花序顶生，两性花数朵簇生长于叶状苞片腋内；花萼筒状，花的颜色有蓝紫色或者玫瑰红。扁圆形蒴果。千屈菜的花朵艳丽，花序大，成片成片地生长，从远处看像是紫色的烟雾，近看则每一朵花都很精致。

生长习性： 喜温暖、光照充足、通风好、湿润的环境，耐寒，对土壤要求不严，适宜在肥沃、疏松的土壤中生长，在深厚且富含腐殖质的土壤中生长得更好。多生长在河岸、湖畔、潮湿草地等地区。夏季不怕热，冬季不怕冷。

分布区域： 分布于亚洲、欧洲、非洲、北美洲，以及澳大利亚东南部。中国全国各地都有栽培。

栽培方法： 主要使用分株繁殖、播种或扦插繁殖的方式。种子繁殖：每年 3~4 月，将种子和细土拌匀，撒播在土壤上，覆土后盖草浇水，10~15 天出苗后即刻揭草。扦播繁殖：春季将枝条截成 30 厘米长，斜入土中，深度为插穗的 1/2，浇水，生根长叶后移栽。

花玫瑰红
或蓝紫色

花瓣有 6 瓣，倒
披针状长椭圆形

小贴士： 千屈菜全草可入药。千屈菜嫩茎洗净焯水后可以食用，凉拌、炒食、做汤，切碎后还可以拌在面粉里蒸食。千屈菜具有观赏价值，可以作花境和切花的材料。千屈菜可作化妆品原料，可以避免皮肤干燥、缓解外界刺激。千屈菜有清热凉血、止泻的作用，可以治疗肠炎、痢疾和外伤出血，还具有抗菌、消炎的作用。

花语： 千屈菜的花朵都是昂扬向上的，所以代表着奋斗者的拼搏精神。千屈菜的另一种花语是孤独。

花期：7~8 月 | 目科属：桃金娘目、千屈菜科、千屈菜属 | 别名：千蕨菜、对叶莲、对牙草、水柳

旋覆花

植物形态：多年生草本植物。根状茎较短，茎单生，直立。基部叶较小，中部叶长圆形、长圆状披针形或披针形，上部叶渐狭小，线状披针形。头状花序，总苞半球形，总苞片约 6 层，线状披针形；舌状花黄色，舌片线形，有三角披针形裂片。瘦果圆柱形。

生长习性：喜温暖、湿润的气候，适宜肥沃的土壤，重黏土和过于干燥的土壤不适合栽培此花。适应性强，耐热、耐干旱，生长迅速，自繁殖能力强。多生长于海拔 150~2400 米的山坡路旁、湿润草地或河岸上。

分布区域：分布在中国东北、华北、华东和华中等地区。俄罗斯、蒙古、朝鲜、韩国、日本都有分布。

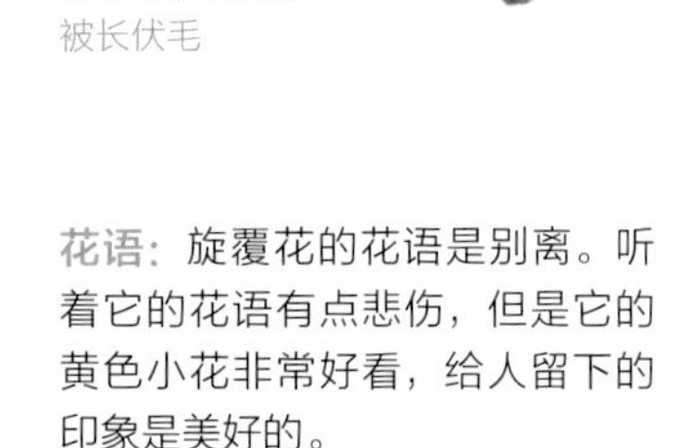

栽培方法：种子繁殖：播种时浅沟的行距在 30 厘米左右，将种子撒到沟中，覆上薄土浇水，待幼苗出 3~4 片真叶时，按行株距 30 厘米 × 15 厘米移栽。分株繁殖：4月中旬至5月上旬，按行株距 30 厘米 × 15 厘米开穴，将新株挖出，栽在穴中，每穴栽 2~3 株，盖土浇水。

花语：旋覆花的花语是别离。听着它的花语有点悲伤，但是它的黄色小花非常好看，给人留下的印象是美好的。

小贴士：旋覆花作为观赏性植物，可以作盆栽，还可用于花坛、花境中。旋覆花可治疗痰多的咳嗽症状，对于喘咳症也有一定疗效，可用于治疗嗳气、呕吐的病症；有治疗头风、通血脉的功效；主治膀胱宿水；还有消肿、祛湿等作用。

花期：6~10 月 | 目科属：菊目、菊科、旋覆花属 | 别名：金佛花、金佛草、六月菊、毛耳朵

锦葵

植物形态： 多年生宿根草本植物，植株高60~100 厘米。茎多分枝，直立，被粗毛。叶呈圆心形或者肾形，互生，圆齿状钝裂片，圆锯齿边缘。花朵簇生长于叶腋，有数朵，5 瓣花瓣，颜色为白色或者淡紫色，钟形萼片。扁圆形果实，呈肾形，被柔毛。圆肾形种子，扁平颜色为褐色。

花簇生，淡紫色或白色

生长习性： 喜阳光充足，耐寒，耐干旱，不择土壤，以沙壤土最为适宜。锦葵的适应性强，喜欢冷凉的气候，生长能力强，是一种很好养的花卉。锦葵一段时间就要修剪一次，如果长期不修剪，枝条就会长得非常杂乱。修剪的过程中，要注意将坏死的、太密的枝条都剪掉。积水会导致锦葵的根部腐烂，所以栽培时不要浇太多水。锦葵生长期间可以使用复合肥来补给肥力。

分布区域： 常见于中国南北各城市。广东、广西、内蒙古、辽宁、台湾、新疆，以及西南各地区都有分布。

栽培方法： 播种繁殖，也可分株繁殖。种子繁殖：秋季或初春播种，可采用花盆育苗和露地育苗两种方法。露地育苗将种子撒在基质上，覆土 1 厘米，保持土壤湿润。

小贴士： 锦葵是一种观赏性植物，可以栽植在庭院中作花坛或花境的背景材料。锦葵可以利尿通便、清热解毒；可以治疗淋巴结结核、带下异常、脐腹疼痛等病症；还可以治疗咽喉肿痛。

花语： 古罗马时期，讽刺诗人马鲁提亚力斯说过，锦葵制成的茶叶具有消除疲劳的功效，所以从那时起，锦葵被认为是讽刺诗人精力的源泉。它的花语被定为“讽刺”。锦葵的果实有落花生般的味道，所以它的花语又是“风味”。

花瓣 5 瓣，匙形

叶互生，圆心形或肾形，边缘具有圆锯齿

叶柄长 4~5 厘米，近无毛

茎直立，多分枝，被粗毛

花期：5~10 月　目科属：锦葵目、锦葵科、锦葵属　别名：荆葵、钱葵、小钱花、棋盘花

秋葵

植物形态：一年生草本植物，高 1~2 米；茎圆柱形，疏生散刺。叶掌状 3~7 裂，边缘具粗齿及凹缺，两面均被疏硬毛；叶柄长 7~15 厘米，被长硬毛。花单生长于叶腋间，花梗长 1~2 厘米；花萼钟形；花黄色，内面基部暗紫色，花瓣倒卵形，长 4~5 厘米。蒴果筒状尖塔形，长 10~25 厘米，顶端具长喙；种子球形，多数。

生长习性：秋葵是一种短日照植物，不可在阳光下暴晒太长时间。开花结果的时期要求白天的温度保持在 28~32℃，夜间温度为 18~20℃，若温度在 15℃以下，它的生长速度会变慢。

分布区域：原产自非洲。在埃及及加勒比海的安提瓜、巴巴多斯种植较多。中国从印度引进，已经种植约 60 年，现在全国各城市周边都有少量栽培。

叶掌状 3~7 裂

叶柄长7~15厘米，
被长硬毛

栽培方法：播种育苗可用直播法和育苗移栽法。直播法：种子浸泡 12 小时，在 25~30℃温度中催芽，24 小时后种子开始出芽，60%~70% 的种子出芽后可播种。育苗移栽法：3 月上中旬在日光温室播种，播前浸种催芽，行距在 10 厘米，覆土约 2 厘米。温度保持在 25℃，4~5 天发芽。

小贴士：秋葵的嫩荚可以食用，焯水 3~5 分钟后，凉拌、炒食或者煲汤。它可治疗胃炎、胃溃疡，并保护肝脏，增强人体的免疫力；花、种子和根对恶疮、痈疖有一定的疗效；幼果可以帮助消化。

花语：秋葵的花语是高雅、光明、素雅、娇嫩。

花期：6~10 月　目科属：锦葵目、锦葵科、秋葵属　别名：黄秋葵、羊角豆、咖啡黄葵、洋辣椒

冬葵

花瓣白色或淡紫色

植物形态： 一年生或二年生草本植物，植株高0.5~1.3米。茎多分枝，直立，被粗毛。叶呈圆心形或者肾形，互生，圆齿状钝裂片，圆锯齿边缘。花朵簇生长于叶腋，有数朵，5瓣花瓣，颜色为白色或淡紫红色，钟形萼片。扁圆形果实，呈肾形，被柔毛。圆肾形种子，扁平，颜色为褐色。

生长习性： 冬葵耐寒，耐干旱，不择土壤，不耐高温和严寒，喜欢冷凉、湿润的气候，以砂土最为适宜。需要排水性好、疏松肥沃、保湿性良好的土壤。肥料以氮肥为主，需肥量大。适宜在春天和秋天进行种植，夏天容易出现化苗情况，所以不适宜在夏天栽培。

叶圆心形或肾形，裂片三角状圆形，边缘具有圆锯齿

栽培方法： 冬葵采用种子繁殖，采用直播的方法，行距20厘米，将种子撒入，覆土1厘米。育苗播种前种子先催芽，将苗床整平，打透底水，均匀撒上种子，盖约1厘米细土，再铺上覆盖物；幼芽出土后揭去覆盖物，及时浇水。

小贴士： 冬葵的嫩茎叶在洗净、焯水、漂洗后，可以凉拌、炒食或者煲汤等。冬葵有清热利湿的功效，可用于黄疸型肝炎；可以补中益气，用于腰膝酸软、慢性肾炎和糖尿病等病症。

品种鉴别： 冬葵和秋葵的长相相近，一般人不仔细分辨，可能会认错二者。我们可以通过植株、叶片和花朵的不同来进行区分。冬葵的植株高度大约1米，秋葵植株高1~2米；冬葵的叶片两面没有小毛分布，而秋葵有粗毛分布；冬葵的花是白色的且形状较小，而秋葵的花朵是黄色的且形状较大。

分布区域： 分布在中国湖北、湖南、贵州、四川、江西等地。在汉代以前，冬葵就已作为蔬菜食用，现在湖南、四川、江西、贵州、云南等地有栽培。

叶柄瘦弱，疏被柔毛

花期：6~9月	目科属：锦葵目、锦葵科、锦葵属	别名：冬苋菜、冬寒菜、葵菜

野菊花

植物形态：多年生草本植物，有粗厚的根茎和匍匐的地下枝。叶互生，呈卵状椭圆形或卵状三角形，羽状分裂，裂片边缘有锯齿。茎枝顶端的伞房状由头状花序排列而成，边缘是舌状花，黄色。瘦果有 5 条极细的纵肋，无冠状冠毛。

生长习性：耐寒，喜欢凉爽、湿润的气候，喜光照，适宜种植在富含腐殖质、土层深厚、疏松肥沃的土壤。它的繁殖能力和适应能力都很强，在任何地方都能生长得很好，对于生长环境要求也不高，所以繁殖较为广泛。

分布区域：分布在中国吉林、辽宁、河北、河南、山西、陕西、甘肃和青海等地。菊花遍布中国各城镇与农村，以天津、开封、武汉、成都、长沙、湘潭、西安、沈阳、广州、北京、南京、上海、杭州、青岛等地为盛。

栽培方法：野菊花通过播种种植，每年 3~5 月份进行播种，种子成熟后取出，将种子均匀撒入土壤中，覆上薄土，浇水，等待出苗，出苗后注意病虫防治。

小贴士：野菊花有散风清热、平肝明目的作用，可以用于治疗风热感冒、头痛眩晕、目赤肿痛；还有镇静、解热的作用，对流感病毒有抑制作用。对蚊虫叮咬后的红肿脓包具有杀菌、消肿的作用。

花语：野菊花的第一种花语是沉默专一的爱，因此，可以将野菊花送给喜欢的人。野菊花的花朵小巧可爱，第二种花语是纯真和快乐，很适合送给小朋友。野菊花的第三种花语为珍贵的友谊，如果想送花给要好的朋友，可以选择野菊花。

花期：6~10月 | 目科属：菊目、菊科、菊属 | 别名：野菊、野黄菊、菊花脑

车轴草

花冠白色或淡红色

叶纸质，油绿色

植物形态： 多年生草本植物，植株高 10~60 厘米。茎少分枝，直立。叶纸质，没有毛，狭椭圆形、长圆状披针形或者倒披针形，颜色为油绿色。花多数，密生成球状或者头状花序，总花梗较长，花冠颜色为淡红色或者白色。荚果长圆形，种子阔卵形，褐色。

生长习性： 耐湿，不耐旱，喜欢湿润、凉爽的气候，以盐碱性或者稍酸性的土壤为佳。对土壤的适应性强，但是在富含有机质、排水性良好的沙壤土中生长最为合适。生长温度最适宜的是 12~17℃，但 17℃以上或 10℃以下，车轴草的生长会变得缓慢。

分布区域： 车轴草广泛分布于欧亚大陆、非洲、南北美洲的温带地区。在中国主要分布在黑龙江、吉林、辽宁、陕西、宁夏、甘肃、新疆、山东和四川等地。

栽培方法： 车轴草一年四季均可栽培。沿盆边挖穴，株距不要太密，全面施肥时，将车轴草全部挖出，施肥完毕，再重新栽植。播种后出苗前，如果土壤板结，要及时破除板结层。生长 2 年以上的草地，要进行松土追肥。

小贴士： 车轴草可被用作绿肥、堤岸防护草种、草坪装饰和药材。车轴草的嫩茎叶在洗净、焯水、漂洗后，可以凉拌、炒食、煲汤或者蒸食等。车轴草有清热、凉血的功效，可以用于止咳、止喘、镇痉；车轴草中的大分子物质可以提高人体免疫力；还有抗氧化、抗衰老和调节血脂的作用。

花语： 车轴草的花语是祈求、希望、爱情、幸福。传说，车轴草的三片叶子代表不同的含义。一片叶子代表希望，一片叶子代表爱情，还有一片代表幸福。如果有一天能找到四片叶子的车轴草，就说明你能找到幸福的爱情，生活充满希望与幸福，是美好的象征。

花期：6~11 月 | 目科属：龙胆目、茜草科、拉拉藤属 | 别名：白车轴草、三叶草、白三叶、白苜蓿

百脉根

伞形花序，有 3~7 朵聚集生长于总花梗顶端

植物形态：多年生草本植物，植株高 60~100 厘米。茎多分枝，平卧或上升，被粗毛。叶呈圆心形或者肾形，互生，圆齿状钝裂片，圆锯齿边缘。花朵簇生长于叶腋，有数朵，5 瓣花瓣，颜色为白色或者淡紫色，钟形萼片。扁圆形果实，呈肾形，被柔毛。圆肾形种子，扁平，颜色为褐色。

生长习性：喜温暖、湿润的气候，耐寒较差，耐瘠，耐湿，耐阴，可在林果行间种植。生长期长，花期早，秋天仍旧可以继续生长。生长于湿润而呈弱碱性的山坡、草地、田野或河滩地。百脉根从温带到热带地区都能生长，生长温度为 5.7~23.7℃最为适宜。百脉根是长日照植物，盛花期需要 16 小时左右的日照。

小叶倒卵形，叶柄短

茎丛生，平卧或上升，实心，近四棱形

栽培方法：百脉根种子播种前要进行硬实处理，用温水浸泡 24 小时，晾干或用浓硫酸浸泡 20~30 分钟，用清水冲洗干净，晾干。种子田条播，每亩播种 0.4~0.5 千克，行距 30~40 厘米。及时施肥，出苗后注意防治病虫害。

小贴士：百脉根适合在荒坡裸地用来保持水土，可提升土壤肥力，改良土壤功能。百脉根是良好的饲料，它的茎叶柔软多汁，碳水化合物含量丰富。百脉根有补虚、清热、止渴的功效，可以用来治疗虚劳、阴虚发热、口渴等症状；外用对治疗湿疹也有一定疗效。

分布区域：分布在中国西北、西南和长江中上游各省区，主要是四川、贵州、广西、湖北、江苏、河北、新疆和甘肃等地。亚洲、欧洲、北美洲和大洋洲均有分布。

花冠黄色或金黄色

羽状复叶，疏被柔毛

花语：百脉根的花语是幸运。它的 5 片叶子分别代表真爱、健康、名誉、财富和机遇。

花期：5~7 月 | 目科属：豆目、豆科、百脉根属 | 别名：五叶草、鸟足豆、牛角花、都草

紫苜蓿

总花梗挺直

花序总状或头状

植物形态：多年生草本植物，有粗壮的根，茎直立、丛生以至平卧，呈四棱形，枝叶茂盛。小叶长卵形、倒长卵形至线状卵形，羽状三出复叶。有总状或者头状花序，总花梗挺拔直立，花冠的颜色为淡黄、深蓝至暗紫色，旗瓣长圆形。有螺旋状的荚果，成熟时的颜色为棕色，种子呈卵形，颜色为棕色或者黄色。

生长习性：性喜干燥、温暖的环境和干燥、疏松、排水性良好、富含钙质的土壤。生长于田边、路旁、旷野、草原、河岸及沟谷等地。耐寒，能在零下 30℃的温度下过冬，但是不耐高温，种子的发芽温度在 5~6℃，最适宜生长的温度在 25℃。

分布区域：原产于土耳其、亚美尼亚、伊朗、阿塞拜疆等地区。在欧亚大陆广泛栽培。在中国主要分布在西北、华北、东北以及江淮流域。

栽培方法：栽培前种子要晒 2~3 天，选择整地栽培，每亩田地播种 6.5~8 千克，每亩施 1500~2500 千克有机肥、20~30 千克过磷酸钙，可以采用条播、撒播和穴播三种方式播种。

小贴士：紫苜蓿的嫩苗和嫩茎叶洗净，用沸水焯过，捞出再过几次清水，沥干后切碎，可以将其凉拌、炒食、做馅或者拌面粉蒸食。紫苜蓿枝繁叶茂，大面积的种植能增强土壤的持水性和透水性，可以用来保持水土。紫苜蓿可以帮助防治动脉粥样硬化斑块、降低胆固醇和血脂含量，还有调节免疫、抗氧化、防衰老等功效。

花语：紫苜蓿的花语是幸福与希望。

花期：5~7 月 | 目科属：豆目、豆科、苜蓿属 | 别名：苜蓿、紫花苜蓿、怀风、光风

宝盖草

植物形态：一年或者二年生植物，茎高 10~30 厘米，基部分枝较多，呈四棱形，颜色多为深蓝色。叶片为肾形或者圆形，茎下部的叶有长柄。有轮伞花序，苞片呈披针状钻形，花萼呈管状钟形，花冠的颜色有粉红色或者紫红色。淡灰黄色的倒卵圆形小坚果，有三棱。果实为浆果，味道酸苦，但是营养价值高，富含人体所需的多种维生素、氨基酸和一些微量元素等。

生长习性：喜欢阴湿且温暖的气候，喜欢向阳和太阳照射，常生长于路边、荒地、林缘、沼泽草地等。可在海拔 4000 米以下地区生长。

分布区域：宝盖草在中国分布于江苏、浙江、四川、江西、云南、贵州、广东、广西、福建、湖南、湖北、西藏，以及东北地区。宝盖草在欧洲、亚洲均有广泛的分布。

栽培方法：宝盖草可以用扦插的方式进行繁殖。长度 20~25 厘米的枝，将叶片及底部修剪一下，插入土中，行距在 26 厘米左右，深 16~20 厘米。幼苗长到 13~17 厘米时，需要除草一次，注意病虫害的防治。

小贴士：宝盖草的嫩茎叶在洗净、焯水、漂洗后，可凉拌、炒食或煲汤食用。它可以活血通络，解毒消肿；主跌打损伤、筋骨疼痛、四肢麻木、半身不遂；治黄疸、鼻渊、瘰疬、肿毒、黄水疮等。

花语：宝盖草的喉部膨大，有点像鹈鹕，上唇像盖子一样，有点像一个害羞的姑娘。所以宝盖草的花语是害羞。

花期：3~5 月　目科属：唇形目、唇形科、野芝麻属　别名：接骨草、莲台夏枯、毛叶夏枯、灯笼草

薄荷

叶片长圆状披针形、披针形或卵状披针形

植物形态：多年生草本植物，植株高 30~60 厘米，茎直立。有水平匍匐的根状茎和纤细的须根，叶片呈卵状披针形、披针形或者长圆状披针形。轮伞花序腋生，轮廓为球性，花萼为钟形，花朵较小，颜色淡紫色、白色或者红色。黄褐色的卵珠形小坚果，有小腺窝。

生长习性：喜温暖、湿润的环境，适应性较强，喜欢阳光，日照时间长可以促进薄荷开花。生长初期和中期需要大量雨水，以疏松肥沃、排水性良好的土壤为佳。对生长环境、温度适应能力强，在海拔 2100 米以下的地区均可生长，能耐 -15℃的低温，最适宜的生长温度 25~30℃。

分布区域：中国大部分地区均有分布，主要分布于江苏、浙江和江西。

栽培方法：薄荷需要整地栽培。播种繁殖：4 月下旬或 8 月下旬进行种子的培育，选用健康的植株，行株距 20 厘米 ×10 厘米种植。分株繁殖：幼苗高 15 厘米时进行分株。扦插繁殖：5~6 月，扦插采用地上茎枝 10 厘米，行株距 7 厘米 ×3 厘米，生根、发芽后移植。

花朵较小，花呈红、白或淡紫色

小贴士：薄荷的茎和叶都可食用，可以榨成汁，也可以作为调味剂和香料配酒或者冲茶。用薄荷泡茶，可以清心明目。薄荷可治疗流行性感冒、头痛、目赤、身热、咽喉、牙床肿痛等症；可治神经痛、皮肤瘙痒、皮疹和湿疹。

花语：薄荷的味道很清爽，给人一种充满希望的感觉。薄荷花朵有白色、红色、淡紫色，很低调。薄荷的花语是有德之人。

茎直立，高 30~60 厘米，多分枝

花期：7~9 月　目科属：唇形目、唇形科、薄荷属　别名：人丹草、蕃荷菜、野薄荷、夜息香

紫苏

植物形态：一年生直立草本植物，茎高 0.3~2 米，紫色或者绿色，为钝四棱形。叶的边缘有粗锯齿，呈阔卵形或者圆形，两面绿色或紫色，或只有下面紫色，被疏柔毛，叶柄的长度在 3~5 厘米，背腹扁平，密被长柔毛。轮伞花序，有近圆形或者宽卵圆形的苞片，钟形花萼，花冠的颜色为白色至紫红色。

生长习性：喜温暖、湿润的环境，耐湿，耐涝，不耐干旱，适应性较强，对土壤要求不严，适合在肥沃的沙壤土中栽培。最适宜的生长温度为 25℃。一般生长在房前屋后、沟边地边等地。光照良好的情况下，紫苏生长得最好。紫苏种子发芽的适宜温度为 25℃，从开花到种子成熟约 1 个月。

叶绿色或紫色，或仅下面紫色，被疏柔毛

花冠白色至紫红色

轮伞花序，苞片宽卵圆形或近圆形

叶柄长 3~5 厘米，背腹扁平，密被长柔毛

茎绿色或紫色，钝四棱形

分布区域：分布在中国江西、浙江、湖南等地。印度、缅甸、日本、朝鲜、韩国、印度尼西亚和俄罗斯等国家也有分布。

栽培方法：紫苏采种后 4~5 个月才能完全发芽，3 月中旬用小拱棚播种育苗。播种前苗床要浇足够的底水，将种子撒播在床面，盖上薄土，再撒上稻草覆盖，然后加上小拱棚，7~10 天发芽，间苗 3 次，4 月揭除小拱棚。

小贴士：紫苏的嫩叶在洗净、焯水、漂洗后，可以凉拌、炒食、煲汤或者腌渍。紫苏有解表散寒、行气和胃的功效，可以用于治疗风寒感冒、咳嗽呕恶、鱼蟹中毒等症状；还能减轻胸腹胀满的症状，治疗牙周炎、抑制花粉过敏等。

花语：紫苏外表看起来并不起眼，所以它的花语就是平凡。

叶阔卵形或圆形，边缘有粗锯齿

小坚果近球形，灰褐色

花期：8~11 月 | 目科属：唇形目、唇形科、紫苏属 | 别名：白苏、赤苏、红苏、香苏、黑苏

益母草

茎中上部叶叶掌状三裂，裂片呈长圆状菱形至卵圆形

植物形态：一年生或二年生草本植物。茎直立，高 30~120 厘米，钝四棱形；茎下部叶轮廓为卵形；茎中部叶轮廓为菱形，较小。轮伞花序腋生，轮廓为圆球形；小苞片刺状，花萼管状钟形，花冠粉红至淡紫红色。小坚果长圆状三棱形，淡褐色，光滑。

生长习性：喜欢湿润的气候，喜欢阳光照射，对土壤的要求不高，一般的土壤和荒山都可以种植益母草，在较肥沃的土壤中生长最佳。需要充足的水分，但不能有积水。在不同环境中都可以生长，可在海拔 3400 米以下地区生长。

分布区域：在中国大部分地区均有分布，如内蒙古、河北、山西、陕西、甘肃等地。俄罗斯、朝鲜、韩国、日本，以及非洲、美洲各地也有分布。

栽培方法：益母草采用种子繁殖，以直播方法种植。选用当年发芽率在 80% 以上的新鲜种子，按行距 27 厘米、穴距 20 厘米、深 3~5 厘米进行播种，每亩田地施堆肥或腐熟厩肥 1500~2000 千克。苗高 5 厘米时开始进行 2~3 次间苗，苗高 15~20 厘米时定苗。

小贴士：益母草可以养护子宫，改善月经不调；有活血化瘀的作用，可有效治疗心绞痛，改善缺血的问题；还有清热解毒、抗衰老、利水消肿的功效。

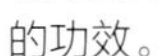

小坚果长圆状三棱形，淡褐色

花冠粉红至淡紫红色

茎直立，高 30~120 厘米，钝四棱形

花语：益母草的花语是母爱。益母草常被用来治疗妇科疾病，由于该植物对产妇有极大的益处，所以得名“益母草”。

花期：6~9 月　目科属：唇形目、唇形科、益母草属　别名：益母蒿、益母艾、红花艾、坤草、茺蔚

夏枯草

植物形态：多年生草本植物，有匍匐的根茎，节上生有须根，茎的高度可达 30 厘米，呈钝四棱形，颜色为浅紫色。叶片呈卵圆形或者卵状长圆形。顶生的穗状花序由轮伞花序密集组成，有宽心形的苞片和钟形花萼，花冠的颜色为红紫色、蓝紫色或者紫色。夏枯草是一种美丽的紫色植物，拥有顽强的生命力和丰富的营养。夏枯草在夏天最盛的时候凋谢，所以得名夏枯草。

生长习性：适宜生长在潮湿的环境中，耐寒，适应性强，整个生长过程中很少有病虫害。阳光充足的地方适合夏枯草生长。对土壤的要求不高，排水性良好的沙壤土最为合适，也可以在山脚、林边草地、路旁生长。

分布区域：原产于欧洲巴尔干半岛及西亚至亚洲中部。分布在中国各地，以河南、安徽、江苏、湖南等省为主要产地。野生夏枯草生长在山沟水湿地或河岸两旁湿草丛、荒地、路旁。

栽培方法：夏枯草采用种子繁殖和分株繁殖的方法进行繁殖。种子繁殖：果穗晒干，抖下种子贮存，3 月下旬至 4 月中旬春播，8 月下旬秋播，按行距 20~25 厘米、深 0.5~1 厘米播入种子，覆上细土、浇水，15 天出苗。分株繁殖：春末将根挖出，进行分株，行株距 25 厘米 ×10 厘米，每穴栽 1~2 株，栽后覆土、浇水，7~10 天出苗。

小贴士：夏枯草的嫩叶在洗净、焯水后，可凉拌、炒食或煲汤，也可用来泡酒。夏枯草可以用于治疗肝病；能清热散结，适用于热结引起的病变；还有凉血止血、祛痰止咳、清热解毒的功效。

花语：夏枯草的花语是负责尽职、是非分明。

花期：4~6 月　目科属：唇形目、唇形科、夏枯草属　别名：铁色草、大头花、棒柱头花、羊肠菜

藿香

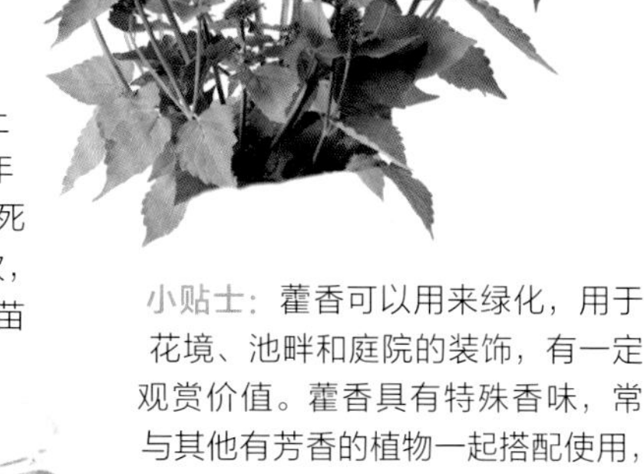

植物形态： 多年生草本植物，茎高 50~150 厘米，直立，四棱形。叶边缘有粗齿，呈心状卵形至长圆状披针形，有叶柄，纸质。轮伞花序有较多的花，顶生有密集的圆筒形穗状花序，有管状倒圆锥形的花萼，花冠的颜色为淡蓝紫色。成熟后的小坚果呈卵状长圆形，颜色为褐色。

生长习性： 藿香喜欢温暖并且光照充足的环境。怕干旱，喜欢湿润的生长环境。在半阴的地方生长最为适宜，温度保持在适当的范围内即可。对土壤要求不高，但是在深厚、肥沃的土壤中生长得最好。生长于海拔 2000~2500 米的山谷阴处或泉边及岩脚。

分布区域： 藿香在中国各地广泛分布，主产于四川、江苏、浙江、湖南、广东等地。藿香在俄罗斯、朝鲜、韩国、日本，以及北美洲均有分布。

栽培方法： 藿香使用种子繁殖和宿根繁殖。种子繁殖：4月中下旬进行播种，用撒播或条播的方式。①撒播：将种子拌入细沙后均匀撒在畦面上，覆土 1 厘米。②条播：按行距 25~30 厘米开浅沟，至 1~1.5 厘米深，浇透水，将种子拌细沙撒入沟中，覆土 1 厘米。宿根繁殖：翌年 5月出苗，用剪刀剪掉枯死的残茎，浇稀薄粪水 1 次，待苗高 9~15 厘米时，将苗挖起移栽大田。

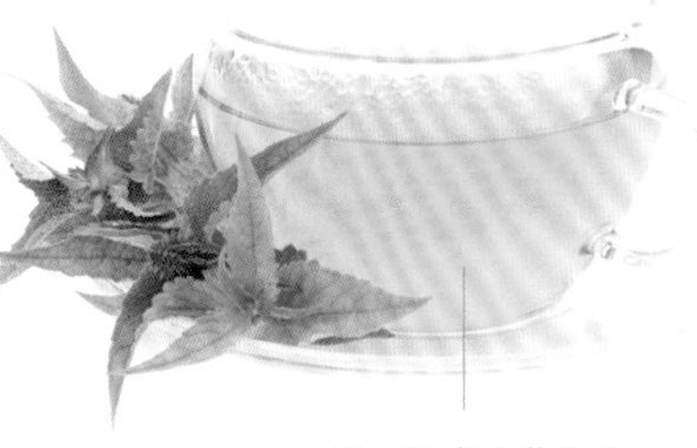

小贴士： 藿香可以用来绿化，用于花境、池畔和庭院的装饰，有一定观赏价值。藿香具有特殊香味，常与其他有芳香的植物一起搭配使用，可放到盲人服务区，提高盲人对植物的认识。藿香的嫩茎叶可以食用，凉拌、炒食，也可以做成粥。藿香可增强肠胃道的消化功能，促进胃液的分泌；帮助皮肤新生细胞，改善皮肤粗糙、发炎等问题；还有提神醒脑的作用；叶子中所含的营养对多种致病性真菌有一定的抑制作用。

花语： 藿香的花语是信任。可以用来送给信任的人，表明自己的态度。

花期：6~9 月 | 目科属：唇形目、唇形科、藿香属 | 别名：合香、苍告、山茴香、土藿脊、排香草

活血丹

植物形态：多年生草本植物，有匍匐的茎，会逐节生根，茎高10~30厘米，呈四棱形，基部的颜色通常为淡紫红色，几乎没有毛，幼嫩的部分被疏长柔毛。叶片近肾形或者心形，草质。有轮伞花序，花冠的颜色为淡蓝色、蓝色至紫色。成熟后的小坚果呈长圆状卵形，颜色为深褐色。

生长习性：活血丹喜欢阴湿的环境，对土壤的要求不是很高，不过在疏松、肥沃且排水性良好的土壤中生长最为合适。喜温暖气候，生命力顽强，不需要过多修剪。自我繁殖能力强，喜欢阳光照射。多生长于田野、林缘、路边等地。生长在海拔50~2000米地区。

分布区域：活血丹在中国各地均有分布，主要分布在甘肃、青海、新疆及西藏等地。俄罗斯、朝鲜也有分布。

栽培方法：活血丹采用分株、扦插、压条等繁殖方式。分株繁殖：春、秋时将枝蔓剪下，直接栽培。扦插繁殖：3~4月，气温在15℃以上时进行扦插。活血丹的生命力很顽强，所以养殖起来很方便。但是有几个注意事项：第一，养殖前选择疏松、有营养和排水性好的土壤，这样更有利于活血丹的生长；第二，养殖过程中，保持15~28℃的生长温度生长更好；第三，养殖活血丹需要根据植物水分蒸发的速度，来决定浇水的时间，所以它的浇水时间不固定。

叶草质，叶片心形或近肾形

小贴士：活血丹有利胆作用，能促进胆汁分泌；还有利尿作用。

花语：活血丹的花语是留心，寓意留心沿途的美景。

茎基部呈淡紫红色

轮伞花序，花冠淡蓝、蓝至紫色

花萼管状，外面被长柔毛

茎高10~30厘米，四棱形

花期：4~5月　目科属：唇形目、唇形科、活血丹属　别名：雷公根、遍地香、地钱儿、钹儿草

罗勒

花冠淡紫色，或上唇白色，下唇紫红色

植物形态：一年生草本植物，有密集的须根和圆锥形的主根。茎钝四棱形，直立。叶片的形状为卵圆形至卵圆状长圆形。茎、枝上顶生有总状花序，有钟形花萼；花冠的颜色为淡紫色，或者上唇的颜色为白色，下唇的颜色为紫红色。有黑褐色的卵珠形小坚果。

生长习性：罗勒喜欢温暖、湿润的环境，不适宜在寒冷的环境下生存，最适宜的生长温度在15~28℃，到了冬天气温过低时，它会停止生长。耐干旱，对土壤要求不高。种植罗勒时，确保种植的地方每天能有6~8小时的日照时间。也可以选择在室内种植，将其放在每天都会有阳光的地方，并且每隔7~10天给罗勒浇一次水。

分布区域：罗勒原产于非洲、美洲及亚热带地区。在中国主要分布于新疆、吉林、河北、河南、浙江、江苏、安徽、江西、广东、广西、福建、台湾、贵州、云南及四川等地。

栽培方法：栽培罗勒宜选择土质疏松、排水性良好的土壤；栽培前土壤要进行施肥和整平。种子做好保温保湿，在25℃温度下催芽，等待播种。土壤装入播种盘内，用水浇透，均匀播入种子，覆厚土1厘米。使用条播或者穴播的方式播种，每亩播入种子0.2~0.3千克。

叶卵圆形至卵圆状长圆形

小贴士：罗勒的嫩茎叶在洗净、焯水、漂洗后，可以凉拌、炒食和煲汤；罗勒常用于调制意大利菜，也可以用来驱赶蚊虫；埃及人以前用罗勒防止尸体腐败，印度人认为它可以保护灵魂，中国人用它入药治疗癫痫。罗勒具有消食、活血的功效；还可以减轻炎症，具有抗菌性能；促进心血管健康，促进肝功能和解毒。

花语：罗勒有两种意义截然不同的花语。代表正面含义的花语为仰慕、协助、生命力。带有负面情感的花语为独占、妒忌、猜测、怀疑。

总状花序顶生长于茎、枝上

茎直立，钝四棱形

花期：7~9月　目科属：唇形目、唇形科、罗勒属　别名：九层塔、金不换、圣约瑟夫草

酢浆草

花有黄色、红色或白色，花瓣长圆状倒卵形

植物形态：草本植物，植株高 10~35 厘米，整株被柔毛。茎匍匐或直立，多分枝且较为细弱，匍匐的茎节上还会生根。叶互生或基生。伞形花序由单生或数朵花聚集而成，腋生，总花梗的颜色为淡红色，花瓣的颜色为红色、黄色或白色，呈长圆状倒卵形。

生长习性：夏季炎热时不宜暴晒，需要给它遮阴。北方地区养殖需要进入温室栽培，长江以南可以在户外种植。对土壤要求不高，含有腐殖质的沙壤土最好。

分布区域：酢浆草广泛分布于世界各地，包括中国、加拿大、日本、哥伦比亚， 地栽培，土壤施有机肥，保持 5° 左右的坡度。春初、秋末开始栽培，行株距 15 厘米 × 15 厘米，发芽后开花。选用喷灌和滴灌的方式浇水，春季注意除草和防治病虫害。

小贴士：酢浆草的嫩茎叶在洗净、焯水、漂洗后，可以用来凉拌、炒食或者煲汤。酢浆草全草入药，治骨折、跌打损伤、毒蛇咬伤、黄疸型肝炎、失眠多梦、火烫伤、呼吸道炎症、风寒感冒、月经不调、痔疮出血、牙痛、腰痛等。

花语：酢浆草是爱尔兰的国花，它其中一个花语是爱国。它的每一片叶子都是心形的，一共有 3 片叶子，极小概率能开出 4 片叶子，因此它的第二个花语是璀璨的心。由于味道尝起来是辛辣的，所以它的第三个花语是辛辣。

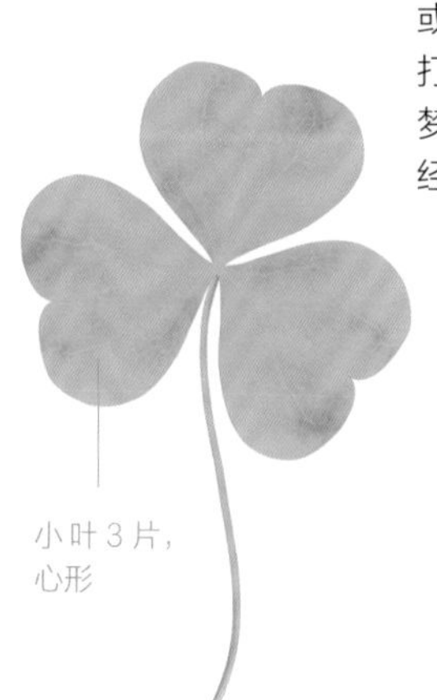
小叶 3 片，心形

花单生或数朵聚集为伞形花序，腋生

茎细弱，多分枝，直立或匍匐

花期：2~9 月 | 目科属：酢浆草目、酢浆草科、酢浆草属 | 别名：三叶酸、酸味草、酸米子草、六角方

红花酢浆草

伞形总状花序，总花梗长

植物形态： 多年生直立草本植物，没有地上茎，地下有球状鳞茎，外层有褐色的鳞片膜质。小叶呈扁圆状倒心形，基生，有长圆形的托叶和叶柄。伞形总状花序，总花梗较长，倒心形的花瓣颜色为淡紫色至紫红色。

生长习性： 喜欢有阳光照射、温暖且湿润的环境。夏天不宜暴晒，需要给它遮阴。抗干旱能力强，不耐寒冷，北方地区需要将其移到温室进行养殖，南方地区没有特殊要求。对土壤的适应性强，一般的土地均能生长，但是在腐殖质丰富的土壤中生长旺盛。夏天会有短暂的休眠时间。在阳光充足的环境下，容易开花。

分布区域： 原产于南美热带地区。在中国分布于华东、华中和华南等地区。

栽培方法： 红花酢浆草采用球茎繁殖和分株繁殖的繁殖方式。分株繁殖：春、秋进行繁殖，用手掰开栽种。切茎繁殖：春季将球茎切成块，带2~3个芽，直接栽种即可。红花酢浆草种植时不能太深，在生长期每个月施一次有机肥，及时浇水。冬、春季生长旺盛期应加强肥水管理。

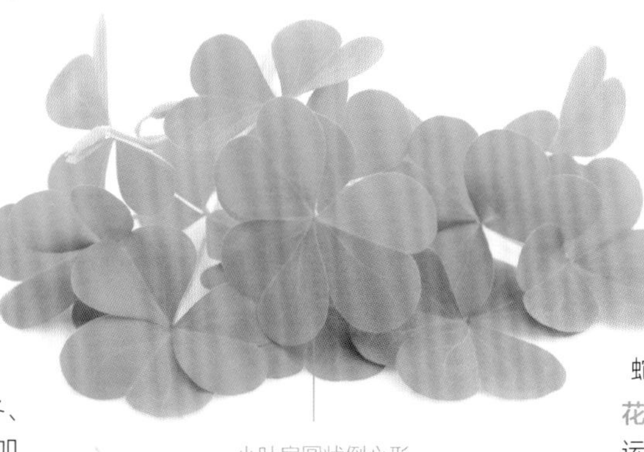

小叶扁圆状倒心形

小贴士： 红花酢浆草的茎叶可以食用，其中含有大量草酸盐，叶片中含有柠檬酸和大量酒石酸，茎中含有苹果酸，将其采摘下来后，用清水冲洗干净后放入开水中烫一下，捞出后可以凉拌或炒菜。红花酢浆草具有清热解毒、散瘀消肿、调经的功效；还可以用于咽炎、牙痛、痢疾等症状；外用治疗毒蛇咬伤、跌打损伤。

花语： 红花酢浆草的花语为幸运。可以将它送给朋友、同学、同事来增进友谊，表示认识对方很幸运。

花瓣倒心形，淡紫色至紫红色

花期：3~12月 | 目科属：酢浆草目、酢浆草科、酢浆草属 | 别名：大酸味草、南天七、夜合梅、三夹莲

蓖麻

植物形态：一年生或多年生草本植物，热带或南方地区常成多年生灌木或小乔木。单叶互生，叶片盾状圆形，掌状分裂。圆锥形花序与叶对生及顶生，下部生雄花，上部生雌花；花丝多分枝；花柱深红色。蒴果球形，有软刺，成熟时开裂。花期 5~8 月，果期 7~10 月。

生长习性：喜高温，不耐霜，酸碱适应性强。野生长于村旁疏林或河流两岸的冲积地。气温稳定在 10℃时可以进行播种，也可以选择育苗移栽。对土质要求不高，各种土质都可以进行种植。可在平均海拔 20~500 米的地方生长，在云南可生长在海拔 2300 米以下地区。

分布区域：分布在中国华北、东北、西北和华东等地区。全世界热带地区或热带至暖温带各国也有分布。埃及、埃塞俄比亚、印度、巴西、泰国、阿根廷、美国等都有种植。

栽培方法：蓖麻栽培选用整地，坡度在 25° 以上适宜，将果实采收，晒干后脱粒，通风保存。种子用 40~50℃温水浸泡 24 小时，放进湿润的沙子中，5~7 天发芽，发芽后可以播种。播种方法采用直播和移栽两种。直播：种子每窝插入 2~3 颗，间距 3~5 厘米，覆土 2~3 厘米厚。移栽：畦宽 1 米，苗出土长出 3~4 片真叶时，带泥移栽，栽后浇定根水即可。

蒴果卵球形或近球形

小贴士：蓖麻的嫩茎叶在洗净、焯水、浸泡后，可以用来凉拌或者炒食；蓖麻种子可以用来榨油，是很多工业方面的重要原料；蓖麻的茎皮还可以用来造纸和制作人造棉。蓖麻主要治疗偏风不遂、失音口噤、头风耳聋、舌胀、喉痹、齁喘等病症；有消肿拔毒、泻下通滞的功效，可用于治疗痈疽肿毒、喉痹、大便燥结；还可以治疗水胀腹满、疮痍疥癞。

花语：蓖麻的花语是危险的快乐。

种子椭圆形，微扁平，平滑，斑纹淡褐色或灰白色

圆锥形花序

茎中空有节，茎上部分枝

叶对生，掌状分裂，叶轮廓近圆形

花期：5~8 月　目科属：金虎尾目、大戟科、蓖麻属　别名：大麻子、老麻子、草麻

田紫草

花冠高脚碟状，白色，有时会有蓝色或淡蓝色的花

叶无柄，倒披针形至线形

植物形态： 一年生草本植物。根部分略微含有紫色物质。茎高15~35 厘米，通常单一。叶呈倒披针形至线形。枝的上部生有聚伞花序，花序较为稀疏，有短花梗，花冠呈高脚碟状，颜色为白色，但也会有淡蓝色或者蓝色的花。

生长习性： 喜光，喜凉爽、湿润的气候，怕高温，忌多雨和干旱环境。生在丘陵、低山草坡或田边。田紫草冬天生长速度比春天快，种子的产量高、饱满且再生力强，一般割1~2次后仍能生长。对土壤要求不高，在含腐殖质高、排水性良好的沙壤土中生长最好。

分布区域： 分布在中国黑龙江、吉林、辽宁、河北、山东、山西、江苏、浙江、安徽、湖北、陕西、甘肃及新疆等地。朝鲜、韩国、日本，以及欧洲也有分布。

栽培方法： 田紫草采用种子繁殖，秋播和春播都可以。育苗法：4月上旬进行播种，给苗床浇水，水渗下后撒播种子，覆土 1 厘米，15~22 天出苗；苗高 6~10 厘米时可以移栽到大田中，按行距 30 厘米、株距 10~15 厘米进行种植，注意浇水，保持湿润。直播法：清明时节播种，采用条播的方式，按行距 30 厘米将种子均匀播入。

小贴士： 田紫草的种子可以用来榨油；除了马以外，其余畜禽都可食用，骆驼、山羊、绵羊都喜欢吃。将茎、叶切碎后喂食猪、兔子、鸡、鸭、鹅，它们都喜欢吃。嫩苗用沸水焯烫后，可以炒食或者凉拌。田紫草具有凉血、活血、解毒透疹的功效，可以用于治疗血热毒盛、斑疹紫黑、麻疹、疮疡、湿疹、水火烫伤等病症；对尿血、血淋、血痢、热结便秘等也有一定疗效。

花语： 田紫草寓意浪漫而伤感，它的花语为永远的回忆。

花期：4~8 月 | 目科属：紫草目、紫草科、紫草属 | 别名：麦家公、大紫草

大狼毒

植物形态：多年生草本植物，植株高 40~90 厘米。根呈圆柱状或者圆锥状，外皮为淡褐色。茎单一或者簇生，呈圆柱形。单叶互生，全缘，叶片呈椭圆状披针形、披针形至长卵形。顶生或近顶腋生有花序，花的颜色为淡黄色。有圆球形的蒴果，外有软刺。狼毒主要分为五种类型：大狼毒、月腺大戟、瑞香狼毒、鸡肠狼毒和狼毒大戟。其中瑞香狼毒最常见，它的高度 20~40 厘米，叶片长度 1~3 厘米，生长很密集。

生长习性：喜阳光，耐半阴、耐寒冷、耐干旱，对气候的适应性强。对土壤要求不高，喜欢湿润的土壤。生长于海拔 2000~3700 米的原野、草地、河边、林下、山坡路旁或向阳草丛中。

分布区域：分布在中国滇西北、滇中、滇东北等地，云南有很多。蒙古，以及俄罗斯东西伯利亚地区也有分布。

小贴士：大狼毒有逐水祛痰、破积杀虫的疗效，可以用来治疗水肿腹胀、心腹疼痛、慢性气管炎、咳嗽、气喘等病症；外用对创伤出血、跌打肿痛、疥癣有一定疗效。

你知道吗？采挖大狼毒时要避免皮肤沾上汁液，否则会出现面部浮肿等过敏症状。中毒后会产生腹痛、腹泻、呕吐、眩晕、痉挛等现象。

花语：大狼毒的花语是英雄本色、为爱而活。

花期：4~6 月　目科属：金虎尾目、大戟科、大戟属　别名：格枝糯、乌吐、五朵下西山、矮红、隔山堆、金丝矮

花葱

植物形态：多年生草本植物，茎高 0.5~1 米，直立。有互生的羽状复叶，小叶互生，全缘，呈长卵形至披针形。有匍匐根，呈圆柱形，纤维状须根较多。顶生或上部叶腋生有聚伞圆锥形花序，疏生多花，花冠的颜色为紫蓝色，呈钟状，裂片呈倒卵形。种子褐色，纺锤形。蒴果卵形。

生长习性：生长在海拔 1700~3700 米的山坡草丛、山坡路边灌丛、山谷疏林下或溪流附近湿处，喜欢湿润、温暖的环境，喜欢湿润、肥沃、保水力强、疏松的沙壤土。多生长于向阳草坡、湿草丛中。

分布区域：分布在中国山西、内蒙古、新疆和云南等地。欧洲温带、亚洲和北美也有种植。

聚伞圆锥形花序，顶生或上部叶腋生

羽状复叶互生

栽培方法：花葱要选择整地栽培，4 月中旬进行整地，施农家肥，土壤深翻，深度 30 厘米。选择优质种子，除去空的种子和杂质，用水浸种 12 小时，捞出后与 3 倍细沙混合，将种子均匀撒入沟内，盖土，压实并浇水。当苗高 5 厘米时进行第一次中耕，清除杂草，6 月中旬进行第二次中耕。

花冠 5 裂，蓝紫色，裂片倒卵形

小贴士：花葱在每年的夏天会开出钟形花朵，养护花葱最好选择吊盆，加上充足的光照，能生长得更健康。这种花可以提高空气中的氧含量，有利于人们的身体健康，还可以帮助失眠的人安然入睡。花葱有祛痰、止血、镇静的功效，可治疗痰多咳嗽、癫痫、失眠、月经过多的病症；还可以治急、慢性支气管炎，对咯血、吐血、衄血、便血、子宫出血等有一定功效；对心血管系统也有作用，可以降低胆固醇含量。

花语：花葱因为外表长得像电灯泡，所以它的花语是“指明前进的道路”。

茎直立，高 0.5~1 米

花期：6~7 月　目科属：杜鹃花目、花葱科、花葱属　别名：电灯花、灯音花

紫花地丁

植物形态：多年生草本植物，植株高 4~14 厘米。根状茎垂直，较短，颜色为淡褐色，地上没有茎。叶基生，多数，呈莲座状。叶片呈长圆形、披针形或卵形。花的颜色为淡紫色或者紫堇色，也有白色，中等大，喉部色彩较淡并且带有紫色条纹。有长圆形蒴果，没有毛。有淡黄色的卵球形种子。

生长习性：喜半阴和湿润的环境，耐寒、耐旱，适应性强、不择土壤、繁殖容易。生长于田间、荒地、山坡草丛、林缘或灌丛中。

分布区域：分布在中国黑龙江、吉林、辽宁、内蒙古、河北、山西、陕西、甘肃、山东、江苏、安徽、浙江、江西、福建、台湾、河南、湖北、湖南、广西、广东、四川、重庆、贵州、云南等地。朝鲜、韩国、日本，以及俄罗斯远东地区也有分布。

栽培方法：紫花地丁在 12 月上旬播种，2~8℃低温温室中，第二年 2 月出苗，3 月下地定植。播种时采用撒播法，播种后室温宜控制在 15~25℃。出苗后要控制好温度，白天 15℃，夜间 8~10℃，苗长到 5 片叶即可定植。

小贴士：紫花地丁的嫩茎叶在洗净、焯水后，可以凉拌或者炒食。紫花地丁可以清热解毒、消炎止痛，对毒蛇咬伤、疔疮、肠炎等有一定疗效。紫花地丁生长整齐，可以用于盆栽，布置房间、阳台、窗台等，具有一定的观赏价值。

花语：紫花地丁的花语是诚实。

花期：4~9 月　目科属：金虎尾目、堇菜科、堇菜属　别名：铧头草、光瓣堇菜、犁头草、箭头草

景天三七

花瓣 5 瓣，黄色，
长圆状披针形

植物形态： 景天三七不是三七，而是多年生草本植物，植株高 30~80 厘米。有粗厚的根状茎，地上茎不分枝，直立。叶近对生或者互生，呈广卵形至倒披针形。顶生有伞房状聚伞花序，花瓣的颜色为黄色，呈长圆状披针形。有星芒状排列的蓇葖；种子表面平滑，顶端较宽，边缘有窄翼。

生长习性： 阳性植物，耐干旱和严寒，不耐水涝，喜欢湿润、温暖的气候和光照。对土壤的要求不高，一般土壤都可以生存，以富含腐殖质的土壤最佳，在山坡岩石上和荒地上都可以旺盛生长。

分布区域： 分布于中国东北、华北、西北及长江流域各省区。俄罗斯、蒙古、日本、朝鲜也有分布。

栽培方法： 景天三七以种子繁殖、分根繁殖和扦插繁殖的方式进行繁殖。栽培景天三七可以使用花盆、木箱等容器，行株距为 4 厘米 ×4 厘米，移植后第一周要放在半阴处。要适时、适量浇水，追肥量要少，追肥次数要勤，一般每月追 1 次肥。

小贴士： 景天三七的嫩茎叶在洗净后，可以凉拌、炒食或者煲汤食用；景天三七适应性强，生长茂密，可以作为绿化覆盖，有一定的园林价值。景天三七全草可作药用，可用于止血、止痛、散瘀消肿；对心悸不寐、急性关节扭伤有一定疗效；外敷可以治疗疮疖痈肿等病症。

品种鉴别： 景天三七和中药三七具有相似功效，但在本质上有很大区别，它们的外形特征、所属类别、功能用法都不相同。景天三七来源于景天科植物的干燥根茎，三七为五加科植物三七的干燥根和根茎。

地上茎直立，
不分枝

花期：6~8 月 | 目科属：虎耳草目、景天科、景天属 | 别名：土三七、旱三七、血山草、菊叶三七

八宝景天

伞房状聚伞花序着生于茎顶，花密生呈球形

植物形态：多年生草本植物，植株高 30~50 厘米。有胡萝卜状的块根，茎高 60~70 厘米，不分枝，直立。整株为青白色，叶对生，近无柄，呈长圆形至卵状长圆形。茎顶着生有伞房状聚伞花序，密生有花，花瓣的颜色有粉红色或者白色，呈宽披针形。

生长习性：八宝景天在海拔 450~1800 米的山坡草地或沟边生长。性喜强光和干燥、通风良好的环境，亦耐轻度荫蔽，能耐 -20℃的低温。不择土壤，要求排水性良好，耐贫瘠和干旱，忌雨涝积水。

分布区域：分布在中国云南、贵州、四川、湖北、安徽、浙江、江苏、陕西、河南、山东、山西、河北、辽宁、吉林、黑龙江等地。朝鲜、日本、俄罗斯也有分布。

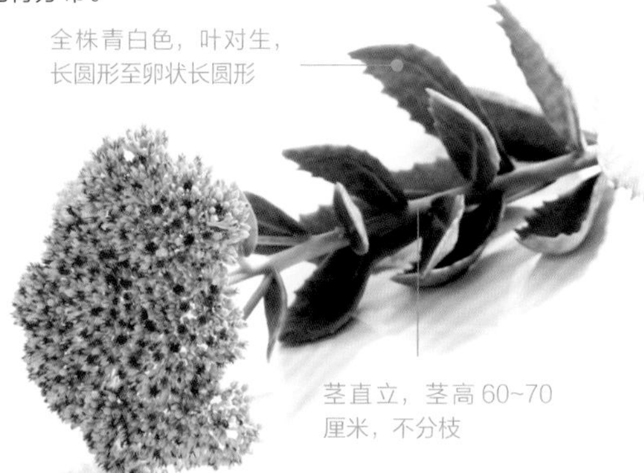

小贴士：八宝景天在园林中会配合其他花卉，用来布置花坛、花境等，可以做圆圈、方块、弧形、扇面等造型，是布置花坛、花境和点缀草坪、岩石园的好材料。八宝景天有祛风利湿、活血散瘀、止血止痛的功效，用于治疗喉炎、荨麻疹、吐血、乳腺炎等病症；外用可以治疗疮痈肿、跌打损伤、鸡眼、烧烫伤；对于毒虫毒蛇咬伤、带状疱疹、脚癣等也有作用。

花语：八宝景天的花语是吉祥。

栽培方法：种植八宝景天采用分株或扦插繁殖，以扦插繁殖为主。扦插繁殖：4 月中旬至 8 月上旬进行扦插，温度控制在 21~25℃，剪取母株长 8~13 厘米的茎段，去掉 1/3 的叶片，斜插土地中，露出地面 4~5 厘米，扦插后及时浇水，夏季 7 天后生根，插后 3~4 周开始生长。分株繁殖：4 月和 10 月进行繁殖，将母株根挖出后，分成若干份，每份 3~5 个根茎，分好的植株栽植在苗床中，灌透水，次年 4 月中旬及时补浇水 1 次，即可正常生长。种植八宝景天若土壤过湿，会发根腐病，需要及时排水或做药剂防治。蚜虫会危害茎叶，诱发煤烟病；介壳虫会危害叶片，形成白色蜡粉，一旦发现立刻刮除或者用肥皂水冲洗，严重时可以用氧化乐果乳剂进行防治。

花期：7~10 月	目科属：虎耳草目、景天科、八宝属	别名：华丽景天、长药八宝、大叶景天

桔梗

花冠钟形，蓝紫色或蓝白色

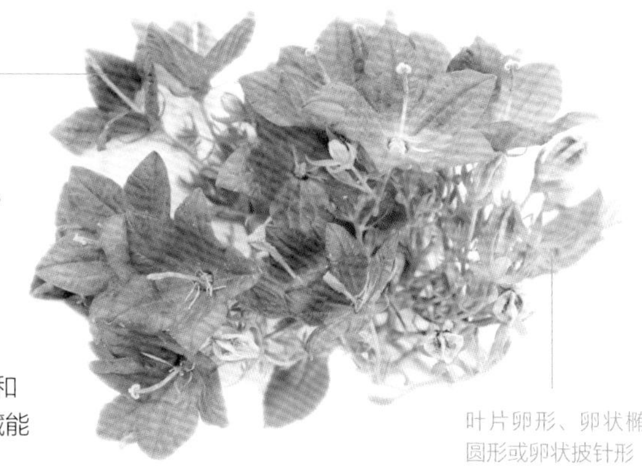

叶片卵形、卵状椭圆形或卵状披针形

植物形态：多年生草本植物，有粗大的肉质根。茎高 20~120 厘米，不分枝。叶少数对生，多数互生，叶片呈卵状披针形、卵状椭圆形或者卵形。茎顶有单生花，数朵成疏生的总状花序，花冠呈钟形，颜色为蓝白色或者蓝紫色。蒴果呈球状、倒卵状或者球状倒圆锥形。

生长习性：海拔 1100 米以下的丘陵地带是尤为适宜的栽培环境。喜欢湿润、凉爽、温和的气候和半阴半阳的环境。种子寿命为 1 年，在低温下贮藏能延长种子寿命。

根粗大、肉质，圆锥形

分布区域：分布在中国东北、华北、华东、华中各省区，以及广东、广西、贵州、云南、四川、陕西等地。朝鲜、日本，以及俄罗斯的远东和东西伯利亚地区也有分布。

栽培方法：桔梗繁殖要选用高产的植株留种，留种株于 8 月下旬要打掉侧枝上的花序，让营养集中供给果实的发育，促使种子饱满，提高种子质量。果实变黄时割下，放在通风、干燥的地方，等待成熟后，晒干脱粒。通常采用直播，也可育苗移栽，直播产量高于移栽，可秋播、冬播或春播，以秋播最好。

小贴士：桔梗的嫩叶可作为蔬菜，鲜根可在焯水、浸泡后炒食或者腌制。桔梗具有祛痰镇咳、降低肝糖原、抑制血糖快速上升的作用；桔梗可以抗炎，提高溶菌酶的活性；桔梗对循环系统也有帮助，还可以抑制胃液分泌和抗溃疡。

花语：传说，桔梗花开代表幸福再度降临。桔梗有双层含义——永恒的爱和无望的爱。

茎高 20~120 厘米，不分枝

花期：7~9 月　　目科属：菊目、桔梗科、桔梗属　　别名：包袱花、铃铛花、僧帽花

款冬

植物形态：多年生草本植物，植株高 10~25 厘米。花茎长 5~10 厘米。叶基生，呈广心形或卵形，边缘有波状疏锯齿。小叶互生，叶片呈长椭圆形至三角形。顶生头状花序，呈椭圆形，质薄，有毛茸舌状花，颜色为鲜黄色。有长椭圆形的蒴果，冠毛颜色为淡黄色，有纵棱。它的叶子非常巨大，常常被用来当成雨伞或者遮阳的工具。

生长习性：栽培或野生长于河边、沙地。以土壤肥沃、排水性良好的沙壤土为佳。款冬株高 10~15 厘米，根茎细长，多分布在土壤表层。叶基生，冬末，花先叶开放。常生长于山谷湿地或林下。

分布区域：分布于中国的东北、华北、华东、西北地区和湖北、湖南、江西、贵州、云南、西藏等地。印度、伊朗、巴基斯坦、俄罗斯、西欧和北非等地区也有。

栽培方法：款冬栽培要选用肥沃的土壤，少施堆肥，采用根状茎繁殖的方式。秋末冬初时，选择没有病虫害的根状茎做种秧，将挖出的根状茎剪成 6~9 厘米小段，行距 24~30 厘米，沟深 6 厘米，株距 6~9 厘米，覆土、压实、浇水，10~15 天出苗。

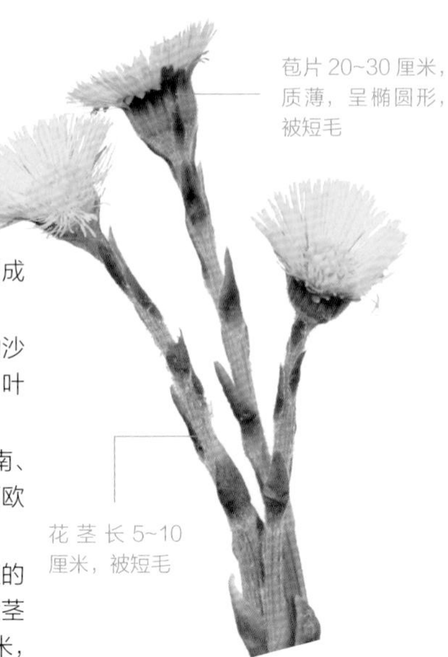

小贴士：款冬可以用来炒食、凉拌。将花生仁碾碎，加芝麻，撒在焯烫好的款冬上，用调味料调味即可，十分美味。款冬具有止咳祛痰的作用，可用于气管炎、咽炎或哮喘的治疗；款冬对高血压也有一定的疗效；款冬还有润肺下气的功效，可以用于肺胀、肺痿等的治疗；款冬有很好的润肠通便、生津止渴功效。

花语：款冬象征着追求公正与正义，严格遵守自己的判断标准。因此，款冬的花语是公正。

头状花序顶生，呈椭圆形
舌状花在周围一轮，为鲜黄色

花期：2~3 月　目科属：菊目、菊科、款冬属　别名：冬花、蜂斗菜、款冬蒲公英、菟奚

蒲公英

植物形态：多年生草本植物，根表面的颜色为棕褐色，略呈圆锥状。叶片呈长圆状披针形、倒披针形或卵状披针形。有头状花序和淡绿色的钟状总苞，外层总苞片呈披针形或者卵状披针形。有黄色的舌状花，边缘花舌片的背面有紫红色的条纹。有暗褐色的倒卵状披针形瘦果。

生长习性：蒲公英广泛生长于中低海拔地区的山坡、路边、河滩处。抗寒、耐热，适应性强。

分布区域：分布在中国大部分地区。朝鲜、蒙古、俄罗斯也有分布。

栽培方法：蒲公英采种时将花盘摘下，放在室内待花盘全部散开，阴干 1~2 天用手搓掉尖端的绒毛，晒干备用。10 月份挖根栽培在大棚，行株距 8 厘米 ×3 厘米，次年 2 月即可萌发。蒲公英繁殖采用种子繁殖，从春到秋随时播种，冬季也可在温室内播种，露地直播采用条播，播种后盖草保温，出苗时揭去盖草，6 天左右可以出苗。

花语：蒲公英的花是充满朝气的黄色花朵，花语是无法停留的爱。紫蒲公英的花语是完美的爱情，传说谁能找到紫色的蒲公英，谁就能得到完美的爱情。秋蒲公英的花朵含有丰富的花蜜，开花时，蜜蜂会蜂拥而至，所以它的花语是诱惑。

头状花序

根略呈圆锥状，弯曲，表面棕褐色，皱缩

小贴士：蒲公英可以生吃、炒食或者做汤；鲜蒲公英清洗干净，可以用来泡茶喝；蒲公英可晒干后储藏，用来代替茶叶饮用。蒲公英有利尿、缓泻、退黄疸、利胆等功效；对于急性乳腺炎、淋巴腺炎、急性结膜炎、感冒发热、胃炎、肝炎、胆囊炎、尿路感染等也有疗效。

花期：4~9 月　目科属：菊目、菊科、蒲公英属　别名：黄花地丁、婆婆丁、黄花苗

南美蟛蜞菊

植物形态： 多年生草本植物，地面横卧有茎。叶对生，蔓性伸长，呈矩圆状披针形，有锯齿状叶缘。腋生或顶生有头状花序，有长柄。有 2 列总苞片，呈矩圆形或者披针形，边缘有 1 列雌性舌状花，颜色为黄色。瘦果扁平，没有冠毛。

生长习性： 南美蟛蜞菊耐旱，耐湿，耐瘠，属于阳性植物。性喜阳光、高温，生长适温为 18~30℃。不耐践踏，容易隐藏蛇鼠类动物。

分布区域： 南美蟛蜞菊分布在中国广东、广西和福建等地区。它原产于热带美洲中南部，在佛罗里达的中南部广泛分布。南非也有分布。

小贴士： 南美蟛蜞菊主要用于园林绿化，常作地被植物，是优良观花地被植物和护坡植物；南美蟛蜞菊在陡壁、河滩，弃耕地、垃圾场等地区进行植被恢复方面，具有较好的功效；南美膨蟆菊对城市垃圾渗滤液也有一定的耐性，对被渗滤液污染的土壤具有很好的净化作用，可作为植被的重建材料。

你知道吗？ 南美蟛蜞菊在 19 世纪 70 年代被首次引入中国香港，用于替代蟛蜞菊这种传统中药。在中国南方，南美蟛蜞菊常被用作地被植物。然而，由于南美蟛蜞菊扩散能力旺盛，常常过度生长成茂密地被，阻止其他植物再生，破坏所处生态系统的平衡。南美蟛蜞菊在中国已成为一种有害杂草，并被列为“世界 100 种危害最大的外来入侵物种”之一。

花语： 南美蟛蜞菊的花语是坚贞不渝。坚贞而脆弱，寓意忠贞不渝。

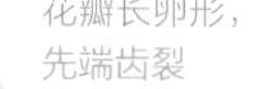

花期：全年　目科属：菊目、菊科、南美蟛蜞菊属　别名：三裂叶蟛蜞菊、地锦花、穿地龙

小米草

植物形态：一年生草本植物，植株高 10~45 厘米，直立，下部分枝或者不分枝，被白色柔毛。叶与苞叶呈卵形至卵圆形，没有柄。花序初期花较密集，花期较短，管状花萼，被刚毛，裂片呈狭三角形；花冠的颜色为淡紫色或者白色。

生长习性：耐寒，耐热，有较强的适应性。喜欢湿润、温暖的气候。主要生长于山坡和草地，阴坡草地及灌丛中，也有很少部分生长于疏林下草丛或近水边。

分布区域：分布于欧洲以及蒙古和俄罗斯西伯利亚地区。中国主要分布于新疆、甘肃、宁夏、内蒙古、山西、河北。

栽培方法：小米草播种前要选择粒大的种子进行播种，土层温度在 10℃以上播种，播种期为 3 月、7 月下旬、6 月、9 月上旬共 4 次。小米草采用直接播种和浸种播种，播种方法分撒播、点播和育苗移栽。撒播：适用于鱼池种植；点播：适用于旱地、鱼池堤边和堤面种植；点播和移栽：行距 20 厘米，株距 10 厘米，每亩种子用量为 1~1.5 千克。

花萼管状，被刚毛，裂片狭三角形，渐尖

叶与苞叶无柄，卵形至卵圆形

小贴士：小米草可以作为饲料，用来养殖鱼种。小米草全草可以入药，具有清热解毒、利尿的作用；对于头痛、肺热咳嗽、咽喉肿痛、热淋、小便不利、口疮、痈肿等病症都有一定的治疗作用；小米草提取物种含有黄酮，对眼睛疲劳有特殊疗效。

花语：小米草的花语是喜悦。

花期：6~9 月 | 目科属：唇形目、列当科、小米草属 | 别名：芒小米草、药用小米草

紫菀

总苞半球形，总苞片 3 层，线形或线状披针形

植物形态：多年生草本植物，茎高 40~50 厘米，直立，呈根状斜生。基生叶丛生，呈长椭圆形，茎生叶互生，呈长椭圆形或者卵形。有排列成伞房状的头状花序。有蓝紫色的舌状花和黄色的管状花。瘦果有短毛，冠毛灰白色或带红色。

生长习性：紫菀耐涝，耐寒性强，怕干旱，喜欢温暖、湿润的气候，除沙地和盐碱地不能种植外，其他地方均可种植。多生长于海拔 400~2000 米的低山阴坡湿地、山顶和低山草地及沼泽地。

分布区域：分布在中国黑龙江、吉林、辽宁、内蒙古东部及南部、山西、河北、河南西部、陕西、甘肃南部等地。朝鲜、韩国、日本，以及俄罗斯西伯利亚地区也有分布。

栽培方法：紫菀栽培前选择粗壮的根状茎作为种栽，取中段，截成 5~7 厘米的小段，每段有 2~3 个休眠芽。栽植在整好的畦面上，行距 25~30 厘米，深 5~7 厘米，株距 15~17 厘米，覆土、压实、浇水，盖一层草保温，齐苗后揭去盖草。

小贴士：紫菀的嫩苗在洗干净焯水之后，可以凉拌或者炒食。紫菀在体外对大肠杆菌、痢疾杆菌、伤寒杆菌等 7 种革兰氏阴性肠内致病菌有一定的抑制作用，对流感病毒有抑制作用。从紫菀根中提取的溶液具有抑制肿瘤活性的作用。

花语：紫菀的花语是回忆、真挚的爱。

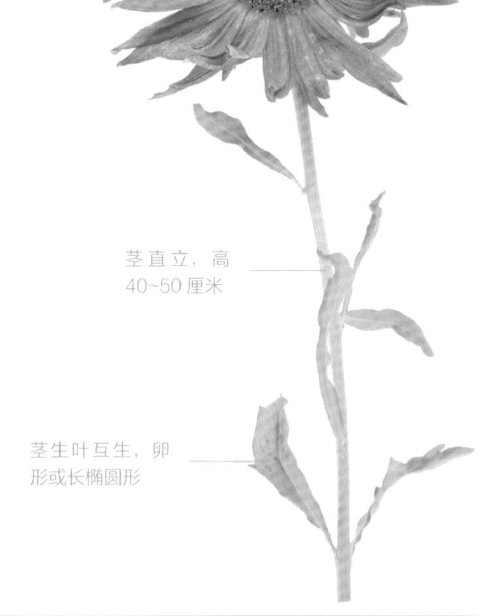

花期：7~9 月 | 目科属：菊目、菊科、紫菀属 | 别名：青菀、紫倩、青牛舌头花、山白菜

野艾蒿

植物形态：多年生草本植物，有匍地的根状茎。茎多分枝，斜向上伸展，稀少且单生，枝、茎被灰白色蛛丝状的短柔毛。叶上面为绿色，纸质，分布有小凹点和白色密集的腺点。有多数头状花序，断梗或者近无梗，呈长圆形或者椭圆形，还有小苞叶。有倒卵形或者长卵形的蒴果。

生长习性：喜阳光充足、湿润的环境，耐寒，适应性强，对土壤的要求不严，一般土壤可种植，但在盐碱地中不能生长。

分布区域：中国大部分地区都有分布，主要有河南、湖北、湖南、广东、广西、四川、贵州、黑龙江、吉林、辽宁、内蒙古、河北、山西、陕西、甘肃、山东、江苏、安徽、江西、云南等地。日本、朝鲜、蒙古及俄罗斯（西伯利亚东部及远东地区）也有分布。

栽培方法：野艾蒿繁殖主要采用分株繁殖的方式。取新鲜根茎，截成 6~8 厘米的小段，种植在花盆中，覆土、浇水即可。野艾蒿散落生长在田边等地，适应能力强。

叶背面密被灰白色短柔毛

茎稀少单生，分枝多，斜向上伸展

头状花序多数，椭圆形或长圆形，具小苞叶

小贴士：用野艾蒿泡脚，可以发挥野艾蒿的温阳功效。具体做法是先取适量干野艾蒿叶，用水煮开，降低到适合的温度进行泡脚。泡脚水温度控制在 40~50℃，可以用浴巾把木桶覆盖住，以达到保温效果。在泡脚过程中，不能向桶内添加凉水。野艾蒿能治感冒、头痛；野艾蒿还可以治疗疟疾、皮肤瘙痒等病症。

花语：野艾蒿的花语是无尽的思念。

花期：8~10 月 | 目科属：菊目、菊科、蒿属 | 别名：艾、小叶艾、狭叶艾

蒌蒿

茎单一，初时为绿褐色，后为紫红色

植物形态：多年生草本植物，植株高 60~150 厘米，有斜向上或者直立的根茎和匍匐的地下茎。茎颜色较为单一，初时颜色为绿褐色，后来是紫红色，没有毛。叶互生，中部较为密集，呈羽状深裂。有近球形的头状花序，在茎上组成略展开的圆锥形花序。花冠颜色为淡黄色。有椭圆形卵状的瘦果。

生长习性：多生长于低海拔地区的河湖岸边与沼泽地带，在沼泽化草甸地区常形成小区域植物群落的优势种与主要伴生种；也生长在湿润的疏林中、山坡、路旁、荒地等环境。

分布区域：分布于中国黑龙江、吉林、辽宁、内蒙古、河北、山西、陕西、甘肃、山东、江苏、安徽、江西、河南、湖北、湖南、广东、四川、云南及贵州等地。蒙古、朝鲜及俄罗斯也有分布。

头状花序近球形，在茎上组成略展开的圆锥形花序

花冠淡黄色

栽培方法：蒌蒿采用种子繁殖，3 月中上旬将种子与 3~4 倍干细土拌匀后直接播种，可以采用条播的方式播种，行距 30 厘米，覆土并浇水，3 月下旬即可出苗。蒌蒿 9~10 月份进行 1 次追肥，每亩用尿素 10 千克，经常浇水，保持湿润。

小贴士：蒌蒿含有大量维生素 C，能提高人体免疫力；蒌蒿能预防癌症，平时食用能起到良好的防癌抗癌作用；蒌蒿能开胃，因此是适合消化不良人群食用的一种保健性菜品；蒌蒿能解毒，能促进人体内多种毒素的排出。

品种鉴别：蒌蒿可按照叶形和嫩茎颜色进行区分。按叶形分：大叶蒿和碎叶蒿。大叶蒿又名柳叶蒿，叶羽状 3 裂，嫩茎青绿色，清香味浓，粗而柔嫩，较耐寒，抗病，萌发早，产量高；碎叶蒿又名鸡爪蒿，叶羽状 5 裂，嫩茎淡绿色，香味浓，耐寒性略差，品质好，产量一般。按嫩茎颜色分：青芦蒿，嫩茎青绿色；白芦蒿，嫩茎浅绿色。

叶互生，羽状深裂

花期：8~11 月 | 目科属：菊目、菊科、蒿属 | 别名：芦蒿、水艾、香艾、水蒿、藜蒿、泥蒿

菊芋

头状花序单生长于枝端

植物形态： 多年生草本植物，植株高 1~3 米。有纤维状根和块状地下茎。茎分枝，直立，被刚毛或白色短糙毛。有叶柄，叶常为对生，下部叶呈卵状椭圆形或者卵圆形。枝端单生有头状花序，有多层总苞片，呈披针形，舌状花舌片的颜色为黄色，管状花花冠颜色为黄色。

生长习性： 菊芋喜欢疏松、肥沃的土壤，以地势平坦、排灌方便、耕层深厚的土壤为佳；而且，菊芋耐贫瘠，对土壤要求不严，除酸性土壤，沼泽和盐碱地带不宜种植外，一些不宜种植其他作物的土地，如废墟、宅边、路旁等，都可生长。

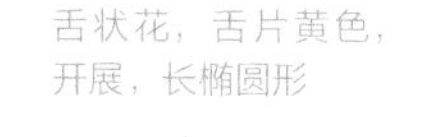

花语： 菊芋的花语是热情奔放。菊芋金黄的颜色代表了阳光和积极的性格。菊芋还有坚强勇敢的寓意，因为菊芋可以在环境恶劣的地方生长，深深扎根地下，不畏恶劣环境，努力盛放，代表了坚强勇敢的高贵品质。

分布区域： 菊芋原产于北美洲，现中国大多数地区也有栽培。

栽培方法： 菊芋采用块茎繁殖的方式，秋、冬季收获块茎后，选择 20~25 克的块茎在春季进行播种，采用穴播或沟播的方式播种。土壤施基肥进行播种，播种后覆土。种子出苗后进行适当追肥、浇水。茎叶生长过于茂盛时，可以对植株进行摘顶，促进块茎膨大。

茎直立，被白色短糙毛或刚毛

叶通常对生，有叶柄；下部叶卵圆形或卵状椭圆形

小贴士： 菊芋有调节肠胃的作用，可提高免疫力；可以调节血脂、增强脂质代谢；有排毒养颜的功效；有调节血糖的功效，适合糖尿病患者。

地下茎块状

花期：8~9 月　目科属：菊目、菊科、向日葵属　别名：五星草、洋姜、番羌、菊姜、鬼子姜

刺儿菜

植物形态：多年生草本植物，茎有纵沟棱，直立。中部茎叶和基生叶呈椭圆状倒披针形、长椭圆形或者椭圆形。茎端单生有头状花序，或者在茎枝顶端排列成伞房花序。有卵圆形、长卵形或者卵形的总苞，有白色或者紫红色的小花、有淡黄色椭圆形的瘦果。

头状花序或单生长于茎端

苞片膜质，有短针刺

生长习性：喜温暖、湿润的气候，耐寒，耐旱，适应性较强，对土壤要求不严。刺儿菜适应性很强，任何气候条件下均能生长，普遍群生长于撂荒地、耕地、路边、村庄附近，为常见的杂草。主要生长在平原、丘陵和山地。

分布区域：在中国，几乎遍布全国各地，但西藏、云南、广东、广西较少见。欧洲东部、中部，俄罗斯西伯利亚及远东地区，蒙古，朝鲜，日本广有分布。

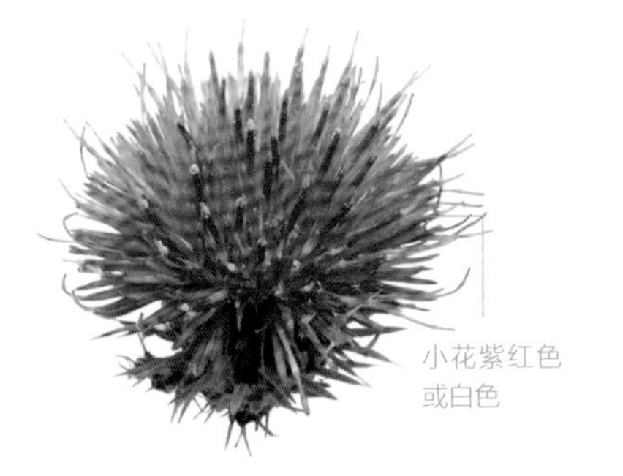

栽培方法：刺儿菜使用种子繁殖的方式。6~7 月花苞枯萎后采种备用，2~3 月进行穴播；种子先用草木灰拌匀，行株距20厘米 ×20厘米，覆土盖没种子，浇水，保持土壤湿润至出苗，5 月中耕除草，施人畜粪肥。

头状花序有时在茎端排列成疏松的伞房花序

小贴士：刺儿菜的嫩苗是野菜，炒食、做汤均可。刺儿菜有凉血止血、祛瘀消肿的作用，可用于衄血、吐血、尿血、便血、外伤出血、痈肿疮毒等病症。

你知道吗？刺儿菜是农田、果园的常见杂草，有时数量多，危害较重，主要危害小麦、棉花、大豆等旱作物。由于其根茎发达，耐药性强，防治难度较大。

叶椭圆状倒披针形、长椭圆形或椭圆形

花期：5~6 月	目科属：菊目、菊科、蓟属	别名：野红花、小刺盖、小蓟、曲曲菜、刺角菜

薄雪火绒草

茎直立，不分枝或有伞房状花序枝

植物形态：多年生草本植物，有根状茎，茎高 10~50 厘米，直立，有伞房状花序枝或者不分枝。下部叶狭披针形或倒卵圆状披针形。有头状花序，总苞呈半球形或者钟形，被灰白色或者白色密茸毛。雌花花冠呈细管状，雄花冠呈狭漏斗状，有披针形裂片。瘦果常有粗毛或者乳头状突起。

生长习性：生长于海拔 1000~2000 米的山地灌丛、草坡和林下。

分布区域：分布在中国甘肃、陕西、河南、山西、湖北、安徽、四川、重庆、河北等地。日本也有分布。

栽培方法：薄雪火绒草采用分株繁殖和播种繁殖的方式。分株繁殖：春季把丛生状的火绒草扒开后直接盆栽。播种繁殖：薄雪火绒草种子发芽适温为 20℃，播种后 10 天即可发芽。

小贴士：薄雪火绒草以花入药，秋季采收，洗净，晾干后煎汤内服，可以润肺止咳；薄雪火绒草对流行性感冒有很好的疗效；可用于尿路感染、尿血、创伤出血，对消除蛋白尿和血尿有一定作用。薄雪火绒草在中国意义非凡，它是藏族古老文化中的神圣之花，属于中药范围内的中药、藏药、蒙药，实用性强，且历史悠久，有记述文献于典籍，诸如《本草纲目》《敦煌本藏医残卷》等。

头状花序

全株被白色或灰白色密茸毛

叶狭披针形或倒卵圆状披针形

花语：薄雪火绒草的花语是永生难忘。代表念念不忘的爱情和最重要的人。

花期：6~9 月　**目科属：**菊目、菊科、火绒草属　**别名：**薄雪草、火艾、小毛香、小白头翁

苦荞麦

植物形态：一年生草本植物，高30~70厘米。茎直立，有分枝，绿色或微有紫色，有细纵棱。叶片宽三角状戟形，下部叶有长柄。总状花序腋生或顶生，苞片卵形，花被片椭圆形，花被白色或淡粉红色。瘦果长卵形，黑褐色。

生长习性：苦荞麦多生长于海拔500~300米的田边、路旁、山坡、河谷等地。适应性较强，喜温暖气候，不耐高温、旱风。

分布区域：分布在中国的东北及内蒙古、河北、山西、陕西、甘肃、青海、四川和云南等地。国外分布于亚洲、欧洲及美洲等地。

栽培方法：苦荞麦主要有条播、点播和撒播的栽培方式。条播：使用畜力牵引的犁播，开厢在167~200厘米，播幅在13~17厘米。点播：人工进行点播，开厢167~200厘米，行距27~30厘米，窝距17~20厘米，每窝播8~10颗种子，出苗后留苗5~7株。撒播：先耕地后撒种，撒播无行株距之分，密度难控制，产量较低。

小贴士：苦荞麦是谷类作物中唯一集七大营养素于一身的作物，其七大营养素包括：生物类黄酮、维生素、纤维素、脂肪、蛋白质、碳水化合物、微量元素。苦荞麦能抗氧化，清除体内自由基，延缓衰老，预防肿瘤；具有减肥美容、排毒养颜的功效；能预防和治疗心脑血管疾病；可清热止痛，治疗牙龈出血、口腔溃疡；可调节血压、血脂、血糖；可以用来熬粥，或炒制后做成茶饮，有益于身心健康。

花语：苦荞麦的花语是恋人，表示对方是你想相守一生的人。苦荞麦花还有一个花语是一分耕耘一分收获，寄托着希望，适合送给心中朝着目标奋斗的人。苦荞麦花寓意着令人怀念的往事，是人们心中美好的象征。

花期：6~9月 | 目科属：石竹目、蓼科、荞麦属 | 别名：菠麦、乌麦、花荞

黑种草

植物形态： 一年生草本植物，植株高35~60 厘米。茎中上部分枝较多，有疏短毛。叶为一回或二回羽状深裂，裂片细，茎上部的叶没有柄，茎下部的叶有柄。枝顶有单生花，花萼颜色为淡蓝色，形状好像花瓣，呈椭圆状卵形。蒴果上分布有圆形鳞状突起。黑色扁三棱形的种子数量多。

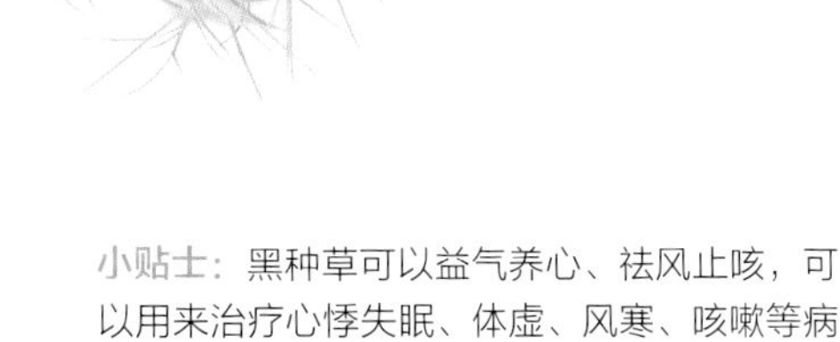
茎有疏短毛，中上部多分枝

叶羽状深裂，裂片细，茎下部叶有柄

种子黑色，扁三棱形

小贴士： 黑种草可以益气养心、祛风止咳，可以用来治疗心悸失眠、体虚、风寒、咳嗽等病症；黑种草籽能够止痛、消炎杀菌、调节血压、抗氧化、保护肝脏。

花语： 黑种草的花语是无尽的思念。

花单生于枝顶，花萼淡蓝色，形如花瓣，椭圆状卵形

生长习性： 喜欢向阳的环境，较耐寒，适宜疏松、肥沃、排水性良好、透气性好的土壤。浇水需要根据植株的生长状况来决定，不能盲目进行。种植黑种草时需注意春季三五天浇 1 次，夏季每天都要浇，秋季降温后减少浇水量，冬季需要控水。夏季还需要避开强光，生长期要勤施肥，花谢后就不用施肥了。

分布区域： 原产于南欧及北非。在中国主要分布在新疆、云南、西藏等地。

栽培方法： 黑种草采用播种繁殖的方式，以春播为主，发芽温度在 15~20℃，半个月发芽。黑种草可以直接播种，将黑种草的种子用纸巾进行催芽，催芽大约 1 周，发芽之后，播种到土壤中。黑种草厌光，要注意遮阴。

花期：5~9 月	目科属：毛茛目、毛茛科、黑种草属	别名：黑子草

马鞭草

植物形态：多年生草本植物，植株高 30~120 厘米。茎成四方形，近基部为圆形，棱和节上都有硬毛，叶片呈长圆状披针形或者卵圆形至倒卵形。腋生和顶生有穗状花序，花冠的颜色为淡紫至淡蓝色。长圆形果实，外果皮薄。

生长习性：马鞭草喜肥，怕涝，不耐干旱，喜欢阳光充足的环境。对土壤要求不严，一般的土壤均可生长，但以土层深厚、肥沃的壤土最佳，低洼易涝地不宜种植。常生长在低至高海拔的路边、山坡、溪边或林旁。

分布区域：分布在中国山西、陕西、甘肃、江苏、安徽、浙江、福建、江西、湖北、湖南、广东、广西、四川、贵州、云南、新疆、西藏。全球温带至热带地区均有分布。

栽培方法：马鞭草种栽培要选用土层较厚的土壤，4 月下旬至 5 月上旬进行播种，行距 25~30 厘米，沟深 15~20 厘米，每亩用 15~20 千克生物肥做底肥。播种 10~20 天后出苗，株高 5 厘米时开始间苗。

小贴士：马鞭草可以预报天气，它对湿度反应灵敏，当它露出土外的根发霉并带白色时，则预示有雨。马鞭草全草可供药用，有清热解毒、活血散瘀、利水消肿的功效；马鞭草还有凉血、通经、止痒、驱虫的功效；马鞭草还可以治外感发热、痢疾、疟疾、喉痹、淋病、经闭、痈肿疮毒、牙疳等病症。

花语：马鞭草被视为神圣之花，在基督教中，经常被用来装饰在宗教的祭坛上，在过去，人们将它插在病人的床前，以驱除诅咒。在古欧洲，它也被视为珍贵的神圣之草，被赋予和平的象征。马鞭草分为白色马鞭草和红色马鞭草，各有不同的花语。白花马鞭草花语是正义、期待，纯真无邪。红花马鞭草花语是期待自己的爱情回来及同心协力、家和万事兴。

马鞭草的叶子还可以用来泡茶饮用，具有清热解毒的功效

花期：6~8 月 | 目科属：唇形目、马鞭草科、马鞭草属 | 别名：紫顶龙芽草、野荆芥、龙芽草、凤颈草

棣棠

植物形态：植株高 1~3 米。有绿色圆柱形小枝，拱垂，没有毛，嫩枝有棱角。叶片呈卵圆形或者三角状卵圆形，互生，有尖锐的重锯齿。当年生的侧枝顶端着生有单花，花梗没有毛，有卵状椭圆形的萼片。花瓣呈宽椭圆形，颜色为黄色，顶端下凹。

生长习性：棣棠耐寒性不好，在半阴和温暖、湿润的环境中能很好地生长。对土壤要求不严，以疏松、肥沃的沙壤土为佳。

分布区域：棣棠原产于中国华北至华南地区，现分布在安徽、浙江、江西、福建、河南、湖南、湖北、广东、甘肃、陕西、四川、云南、贵州、北京和天津等地。

栽培方法：棣棠采用分株繁殖、扦插繁殖、播种繁殖的繁殖方式。如果想要快速繁殖，可以在春季采一年生的枝条作为离体材料，直接繁殖在智能苗床上。生长季节，采用当年生的嫩枝作为离体材料，保留 1~2 片叶子，繁殖在苗床上，成活率高达百分之百。

小贴士：棣棠花有祛除风湿、润肺止咳、清肺化痰的作用，对感冒风热或者虚寒咳嗽有疗效；能够治疗胃肠道消化不良；对小儿荨麻疹也有不错的疗效；对于水肿患者来说，食用棣棠花可以去除水肿；还可以有效治疗产后关节疼痛、脓疮乳痈等症，是天然无害的产后良药。

花语：棣棠的花语是高贵。

花期：4~6 月 | 目科属：蔷薇目、蔷薇科、棣棠花属 | 别名：棣棠花、地棠、蜂棠花、黄度梅

委陵菜

植物形态：多年生草本植物，有粗壮的圆柱形根。花茎白色绢状长柔毛和稀疏短柔毛，直立。叶基生为羽状复叶，小叶片互生或者对生，呈长圆披针形、倒卵形或者长圆形。有伞房状聚伞花序，萼片呈三角卵形，花瓣的颜色为黄色，成宽倒卵形，顶端微凹。有深褐色的卵球形蒴果。

生长习性：委陵菜多生长于海拔 400~3200 米的田边、路旁、沟边或沙滩的湿润草地，喜干燥、阳光充足的环境，对土壤要求不严。喜微酸性至中性、排水性良好的湿润土壤，耐干旱、瘠薄。

分布区域：委陵菜产自中国东北、华北、西南、西北及河南、山东和江西等地。此外，俄罗斯远东地区以及日本、朝鲜也有分布。

栽培方法：委陵菜采用种子繁殖或者分根繁殖的方式进行繁殖。种子繁殖：南方 3 月下旬，北方 4 月中下旬进行春播；南方月下旬至 10 月上旬，北方 10 月下旬至 11 月上旬进行秋播。地上挖出 1.3 米平畦，行距 30~40 厘米，深 1~2 厘米，将种子撒入后覆薄土。分根繁殖：春、秋两季，将根劈开，每根有 2~3 个根芽，行株距 30 厘米 ×15 厘米，深 15 厘米，覆土 5 厘米。

小贴士：委陵菜的嫩茎叶在焯水及冷水浸泡后炒食，根块可用于煮粥或者酿酒；委陵菜的嫩苗可以食用，也可以作猪饲料。委陵菜能清热解毒、止血、止痢、祛湿止痛，可以用于风湿骨痛的预防和治疗；委陵菜还能杀虫止痒，消灭人体内的寄生虫，能让它们失去活性并随身体代谢排出体外，加快毒素代谢；煎水后清洗皮肤，能防止皮炎和痤疮等多种皮肤症状。

花语：委陵菜的花语是光亮、光明、心之向往。

花期：4~10 月　目科属：蔷薇目、蔷薇科、委陵菜属　别名：白头翁、蛤蟆草、天青地白

翻白草

小叶片长圆形或长圆披针形

植物形态： 多年生草本植物，根有较多分枝，有直立花茎，密被白色绵毛。小叶没有柄，互生或者对生，呈长圆披针形或者长圆形，有圆钝锯齿的边缘。有数朵聚伞花序，疏散，外被绵毛，花瓣的颜色为黄色，呈倒卵形，顶端圆钝或者微凹。有近肾形瘦果。

生长习性： 翻白草生长于海拔 100~1850 米的荒地、山谷、沟边、山坡草地、草甸及疏林下。喜温和湿润的气候，以土质疏松、肥沃的土壤栽培为佳。

分布区域： 分布在中国全国各地，黑龙江、辽宁、内蒙古、河北、山西、陕西、山东、河南、江苏、安徽、浙江、江西、湖北、湖南、四川、福建、广东和台湾都有。在日本、朝鲜、韩国也有分布。

栽培方法： 翻白草采用播种繁殖的方式，夏、秋时，种子成熟后及时采集，采收后要自然阴干，避光保存。3 月下旬，开沟深 6~7 厘米，沟距 18~21 厘米，播在沟内，覆土、浇水即可生长。

小贴士： 翻白草的嫩芽、嫩茎叶在焯水及冷水浸泡后，可以炒食或者凉拌。翻白草可以治疗湿热型痢疾、腹泻、小便不利、水肿等病症；可用于治疗胃肠道溃疡出血；可以治疗妇女赤白带下和月经过多；还可以治疗创伤、烧伤、烫伤、痈肿、疮毒等症。

花瓣黄色，倒卵形

聚伞花序有花数朵，疏散，外被绵毛

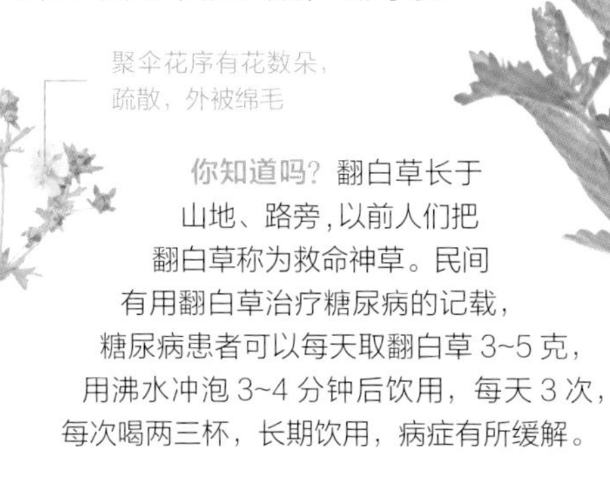

你知道吗？ 翻白草长于山地、路旁，以前人们把翻白草称为救命神草。民间有用翻白草治疗糖尿病的记载，糖尿病患者可以每天取翻白草 3~5 克，用沸水冲泡 3~4 分钟后饮用，每天 3 次，每次喝两三杯，长期饮用，病症有所缓解。

花茎直立，密被白色绵毛

花期：5~8 月　目科属：蔷薇目、蔷薇科、委陵菜属　别名：天藕、湖鸡腿、鸡脚草

龙牙草

植物形态： 多年生草本植物，有块茎状根。茎高 30~120 厘米，被疏柔毛和短柔毛。互生单数羽状复叶，呈卵圆形至倒卵形。顶生有穗状总状花序，花序轴被有柔毛，有三角卵形的萼片，花瓣颜色为黄色，呈长圆形。有倒卵圆锥形的果实。

生长习性： 龙牙草生长于海拔 100~3800 米的溪边、路旁、草地、灌丛、林缘及疏林下。喜温暖、湿润的气候，对土壤要求不严。

分布区域： 中国南北各省区均产。欧洲中部以及俄罗斯、蒙古、朝鲜、韩国、日本和越南均有分布。

栽培方法： 龙牙草采用种子繁殖和分株繁殖的方式。种子繁殖：4 月中下旬，10 月下旬进行播种。春播行距 30~35 厘米，播种沟深 1~2 厘米；秋播将种子播进沟内，覆薄土、浇水。分株栽植：春、秋两季均可，将根挖出来劈开，每根带 2~3 个根芽，行株距 30 厘米 ×15 厘米，深 15 厘米，覆土 5 厘米后压实并浇水。

花语： 龙芽草的花语是依赖、依靠。喜欢一个人的时候，就渴望向对方表达自己的情感，希望彼此后半生都能互相依靠，这个时候，可以送给对方一束龙芽草来表达自己的情感。

花瓣黄色，长圆形

小贴士： 龙牙草的嫩叶在焯水、漂洗后，可以炒食或者凉拌等。龙芽草具有止血、健胃、滑肠、止痢、杀虫的功效；可以治疗脱力劳乏、月经不调、胃寒腹痛、吐血、咯血、尿血、子宫出血、十二指肠出血等症状；龙芽草全草提取的仙鹤草素为止血药；食用龙芽草能散寒，在一定程度上能缓解宫寒或者四肢冰冷的问题。

花期：5~12 月 | 目科属：蔷薇目、蔷薇科、龙牙草属 | 别名：老鹳嘴、地仙草

银莲花

植物形态： 多年生草本植物，植株高 15~40 厘米。有根状茎，叶有长柄，基生。叶片呈圆肾形，也有圆卵形，全裂；萼片颜色白色或略带粉色，呈狭倒卵形或者倒卵形。无花瓣，雄蕊多数。有扁平瘦果，呈近圆形或者宽椭圆形。

生长习性： 银莲花喜凉爽、潮润、阳光充足的环境，有较强的耐寒能力，忌高温、多湿，以湿润、排水性良好的土壤为佳。生长于海拔 1000~2600 米间的山坡草地、山谷沟边或多石砾坡地。

分布区域： 在中国分布于东北地区以及河北、山西、北京等地。在朝鲜也有分布。

栽培方法： 银莲花采用播种繁殖和分株繁殖的繁殖方式。播种繁殖：8~10 月气温低于 20℃时播种，先用沙子搓开种子，浇水播种。分株繁殖：8~10 月分株，覆土 3 厘米。

叶片全裂，呈深绿色

萼片倒卵形，白色或略带粉色

小贴士： 银莲花的花朵在焯水后，可以炒食或者腌制，晒干后可作茶饮。可作为切花使用，具有很好的观赏价值。银莲花能抑制肿瘤细胞的生长；银莲花的挥发油、内酯等成分对人体致病的乙型链球菌、绿脓杆菌、伤寒杆菌、痢疾杆菌、金黄色葡萄球菌等均呈现不同程度的抑制作用；银莲花煎剂、银莲花精制皂苷对化学刺激、热刺激、电刺激所致疼痛均具有明显的抑制作用；林荫银莲花煎剂对中枢神经系统有镇静作用。

花语： 银莲花的花语是失去希望，寓意有些事情已经没有希望了，不愿继续纠缠，也意为渐渐淡薄的爱。

雄蕊多数，花丝条形

花期：4~7 月　目科属：毛茛目、毛茛科、银莲花属　别名：风花、复活节花、华北银莲花

紫茉莉

植物形态： 一年生草本植物，株高可达 1 米。根黑色或黑褐色，比较粗壮，呈倒圆锥形；茎圆柱形，直立，多有分枝，疏被毛或无毛；叶卵状三角形或卵形，全缘，叶脉显著；花冠高脚碟形，管部细长，檐部 5 浅裂，紫红色、黄色、白色或杂色；瘦果较小，黑色，球形，革质。

生长习性： 喜温暖、湿润、通风良好的环境，不耐寒，宜土层深厚、疏松肥沃的壤土。冬季地上部分会枯死，地下部分安全越冬，第二年春季长出新的嫩芽。

小贴士： 紫茉莉鲜品捣烂用于外敷，也可以煎汤用于外洗。紫茉莉的根、叶可供药用，有清热解毒、活血调经、滋补的功效；种子富含白色胚乳，干燥后呈白粉状，敷脸可去除面部瘢痣粉刺；紫茉莉还有治淋浊、带下异常、肺痨吐血、痈疽发背、急性关节炎的作用；也可以祛风、活血、治乳痈；紫茉莉还有治疗妇女红崩、疔疮及破瘀等作用。

分布区域： 原产于热带美洲地区，世界温带至热带地区广泛引种。中国南北各地常有栽培。

栽培方法： 紫茉莉可以采用春播繁衍，自播繁衍，通常使用种子繁殖的方式。小坚果作为播种繁殖的材料，4 月中下旬直播在露地上，在 15~20℃环境下发芽。种子繁殖：3~4 月播种，苗长出 2~4 片叶子时定植，株距 50~80 厘米。紫茉莉容易生长，注意适当施肥、浇水。

花语： 紫茉莉的花语是贞洁、臆测、猜忌、质朴、玲珑、成熟美、胆小、怯懦。

花期：6~10 月	目科属：石竹目、紫茉莉科、紫茉莉属	别名：胭脂花、地雷花

乌头

植物形态： 宿根性草本植物，有倒圆锥形块根。茎有分枝，高度为60~150 厘米。叶片呈五角形，薄革质或者纸质。总状花序顶生，总花梗密被反曲短柔毛，上萼片呈高盔形，花的颜色为蓝紫色，较大，微凹。有蓇葖果实和三棱形种子。

生长习性： 乌头多生长在山地草坡或灌丛中。喜欢向阳、温暖、湿润的环境，栽培在富含腐殖质、排水性良好、土质疏松、土层深厚肥沃的土壤中较好。

分布区域： 分布在中国四川、陕西、河北、江苏、浙江、安徽、山东、河南、湖北、湖南、云南和甘肃等地。在越南北部也有分布。

栽培方法： 乌头一般为根块繁殖，分直接下种和贮藏备种。直接下种：7 月下旬至 8 月初，行距 50 厘米，株距 26 厘米，深 10 厘米，栽 1~2 颗种子，覆土 3 厘米。贮藏备种：采收小的种子时，种在沙壤土中，播种时取出使用。

花瓣无毛，瓣片长约 1 厘米

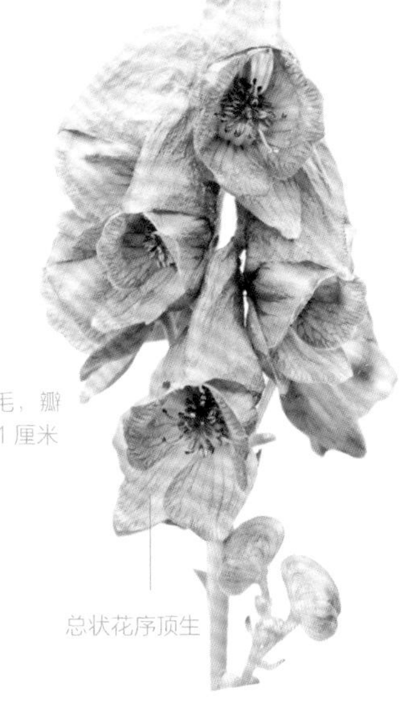

总状花序顶生

小贴士： 乌头中毒时，早期应立刻催吐、洗胃和导泻，进行大量补液，促进排泄。乌头中毒时，可用甘草 100 克，土茯苓、绿豆各 50 克，煮水饮用。甘草可以抑制乌头碱的毒性反应，绿豆和土茯苓有解毒、利尿、排毒的作用，两者合用可解乌头毒。另外，远志、防风也可解乌头之毒。乌头散经络，能止痛，可以用在风湿、类风湿性关节炎等疾病中。乌头汤适用于寒邪导致的心腹疼痛；乌头桂枝汤可以治疗寒疝腹痛。

花语： 人们因为乌头既可以救人也可以害人的特质，将乌头花的花语定为不喜见人。乌头有毒性，所以它的另一种花语为危险谨慎。乌头的第三种花语为敬意。

花大，多为蓝紫色

叶片五角形，多羽裂

花期：9~10 月　目科属：毛茛目、毛茛科、乌头属　别名：附子、草乌、乌药、盐乌头、鹅儿花

驴蹄草

植物形态：多年生草本植物，茎高 10~48 厘米，有细纵沟，实心，有多数肉质须根。叶基生，有长柄，叶片呈心形、圆肾形或者圆形。单歧聚伞花序，花的颜色为黄色，呈狭倒卵形或者倒卵形。蓇葖上有横脉，有黑色的狭卵球形种子，有光泽，有少数纵皱纹。

生长习性：主要生长在海拔 100~4000 米的山地、湿草甸或者山谷溪边，也生在草坡或林下较阴湿处。

分布区域：分布于中国西藏东部、云南西北部、四川、浙江西部、甘肃南部、陕西、河南西部、山西、河北、内蒙古、新疆等地。在北半球温带及寒温带地区广布。

栽培方法：驴蹄草采用播种繁殖和分株繁殖的方式。春、秋两季都可进行繁殖，施有机肥有利于驴蹄草生长。驴蹄草栽培时，要注意光照，避免阳光直射，需要充足的水分，保持环境阴凉，土壤要肥沃、干净。

你知道吗？驴蹄草整株都可以加工成土农药，供农家地食用。这样既缩小农作物的成本，同时比市面上的农药污染危害要小很多，无论是对农作物还是对人体的危害都较小，是制作土农药很好的选择。

小贴士：驴蹄草有祛风解暑、活血消肿的作用；治疗伤风感冒、中暑发痧；治疗跌打损伤和烫火烫伤。驴蹄草内服时，可以取 5~10 克的根部或者叶子，加入适量水，煎汤饮用。也可以洗干净后鲜用。如果是外敷，可以捣碎成末后敷在病患处即可。

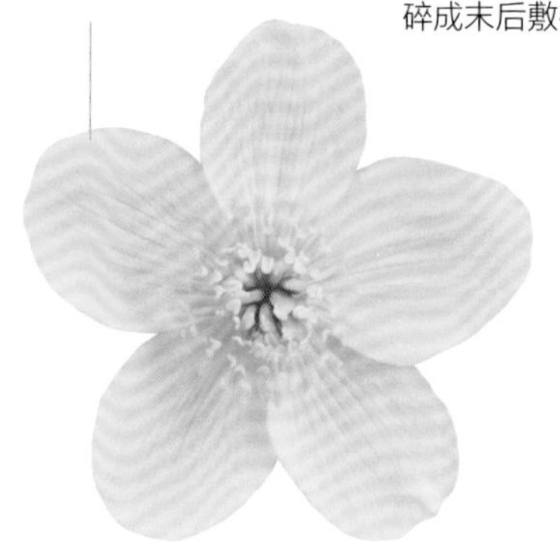

花期：5~9 月　目科属：毛茛目、毛茛科、鹿蹄草属　别名：驴脾气草、马蹄叶、马蹄草、立金花

白头翁

植物形态：多年生草本植物。根长圆柱形或圆锥形，稍弯曲，表面黄棕色或棕褐色。基生叶有长柄；叶片狭披针形；叶柄密生长柔毛。花梗较长；花直立，单朵顶生；萼片花瓣状，蓝紫色，外被白色柔毛。瘦果纺锤形，扁平，有长柔毛。

生长习性：喜凉爽干燥气候，耐寒，耐旱，不耐高温。多生长在阳光充足、排水性良好、土层深厚的沙壤土地区。山冈、荒坡及田野间比较多见。

分布区域：在中国，分布于黑龙江、吉林、辽宁、河北、山东、河南、山西、陕西等地。朝鲜和俄罗斯远东地区也有分布。

叶片狭披针形

花瓣蓝紫色，长圆状卵形

栽培方法：白头翁采用种子栽培和分株栽培的方式。种子栽培：种子采收在 6 月上旬，60% 的种子成熟时进行采收。采收的种子放在阳光下晾晒，至 8% 以上干度时，反复揉搓。3~4 月进行播种，行距 3~4.5 厘米，播后覆土。分株栽培：老株连根挖起，进行分株。

小贴士：白头翁有抗氧化、抗炎的作用，还可以杀虫、抑菌，治热毒血痢。

花语：白头翁的花语是才智。白头翁是供奉给四世纪时波斯的基督教徒作家亚夫拉哈特的花朵，所以白头翁的花语就是代表了亚夫拉哈特的“才智”。

叶深裂，狭披针形

花期：4~5 月　目科属：毛茛目、毛茛科、白头翁属　别名：奈何草、粉乳草、白头草、老姑草

龙葵

植物形态：一年生草本植物，植株高 30~120 厘米。茎分枝，直立，稀被白色柔毛。叶呈近菱形或者卵形，互生，有波状疏锯齿的叶缘，近全缘。腋外生或者侧生有近伞状或者短蝎尾状的花序，有白色的小花。球形浆果，颜色为绿色，成熟后的颜色为黑紫色。

生长习性：对土壤要求不严，在肥力强、湿润的壤土中生长良好，适宜的土壤 pH 值为 5.5~6.5。多生长于田边、荒地及村庄附近。

分布区域：中国各地均有分布。广泛分布于欧、亚、美洲的温带至热带地区。

栽培方法：龙葵的栽培首先要选用肥沃、疏松的土壤，作宽 1 米、高 15 厘米的育苗畦，进行种子撒播，覆土 0.5 厘米。幼苗有 5~6 片叶子时进行移栽，每穴 2 苗，浇水生长。植株长到 8~10 节时，把顶摘去，让侧芽进行生长。

叶子互生，叶片呈卵形或近菱形

小贴士：龙葵的嫩茎叶用开水烫熟后挤干水分，可以凉拌、炒食或者做馅料。它的果实和叶子都能吃，但是叶子中含有大量生物碱，必须要煮熟后才能吃，否则会引起身体不适。龙葵全草可清热解毒、活血消肿，对于疔疮、痈肿、丹毒、跌打扭伤有很好的疗效；可用来治疗慢性咳嗽痰喘、水肿等疾病；龙葵根对于痢疾、淋浊、带下病都有不错的疗效。

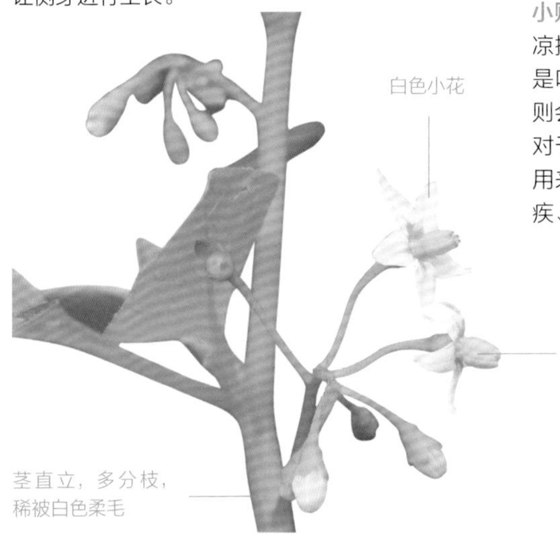

白色小花

花药黄色，长约 1.2 毫米

茎直立，多分枝，稀被白色柔毛

花语：龙葵的花语是沉不住气。龙葵是一年生的草本植物，随着一年四季的变化而生长。春季长出叶子，夏季开出白色小花，花朵掉落结出成熟的浆果，所以花语才有沉不住气的含义。

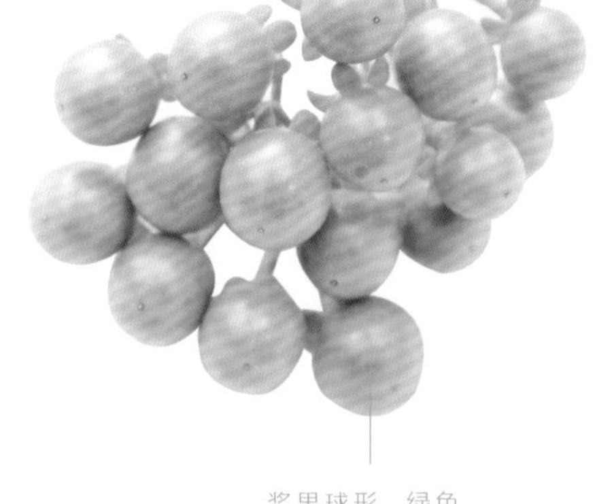

浆果球形，绿色，成熟后为黑紫色

花期：6~11 月	目科属：茄目、茄科、茄属	别名：苦菜、苦葵、老鸦眼睛草、天茄子

耧斗菜

植物形态： 多年生草本植物，有圆柱形肥大的根。耧斗菜虽然名字里面有带一个“菜”字，但却并不是一种蔬菜，而是一种观赏性植物。茎常在上部分枝，高15~50 厘米。叶片呈楔状倒卵形，有叶柄。它的花色明亮，花姿娇小，花微下垂或者倾斜，花瓣的颜色与萼片一样，呈倒卵形，直立。萼片的颜色为黄绿色，呈长椭圆状卵形，顶端微钝，疏被柔毛。

生长习性： 生长于海拔 200~2300 米的山地路旁、河边或潮湿草地，多被成片种植在草坪上、密林下，溪边等地方。喜凉爽气候，忌夏季高温曝晒，强健而耐寒，喜富含腐殖质、湿润而排水性良好的土壤。

分布区域： 分布于中国青海、甘肃、宁夏、陕西、山西、山东、河北、内蒙古、辽宁、吉林、黑龙江。在俄罗斯远东地区也有分布。

花有蓝紫色、蓝色、红色、黄绿色等

茎高 15~50 厘米，常在上部分枝

栽培方法： 耧斗菜采用播种繁殖、分株繁殖以及穴盘繁殖的方式进行繁殖。播种繁殖：种子出苗前用玻璃覆盖播盆，保持土壤湿润，1 个月出苗。分株繁殖：1~4 月、8~12 月进行分株，行株距 10 厘米 ×13.2 厘米，覆土 1.6 厘米，浇水。穴盘繁殖：在 32 孔的穴盘中播种，发芽温度保持在 21~24℃，10 ~14 天可发芽。

小贴士： 耧斗菜 5 月左右开始开花，一直能开到 8 月，观赏价值很高，可以用于布置花坛、花径等，花枝可供切花的材料。耧斗菜可以活血，调节月经不调；耧斗菜有凉血止血、清热解毒的作用，可以治疗痛经、崩漏、痢疾；耧斗菜还可以用于治疗瘟热病和血热病，同时也可以用来治疗胆热病及肠热病。

花语： 耧斗菜寓意必定要得手、坚持要得胜。传说是在希腊，战士们为了保卫家园殊死搏斗，而耧斗菜生长在乱石堆里面，它见证了战争，所以花语是胜利。

花期：5~7 月　目科属：毛茛目、毛茛科、耧斗菜属　别名：猫爪花、大叶藜、杂配藜、杂灰藜

獐耳细辛

花药椭圆形，长约 0.7 毫米

植物形态：多年生草本植物，植株高 8~18 厘米。有密生的须根，根状茎较短。叶有长柄，基生，獐耳细辛的叶片为正三角状宽卵形，因此它也被称为“三角草”，裂片呈宽卵形，全缘。花丝狭线形，花药椭圆形，苞片呈椭圆状卵形或者卵形；萼片的颜色为堇色或者粉红色，呈狭长圆形。瘦果为卵球形。

生长习性：獐耳细辛喜阴凉、湿润的环境，多生长于海拔 1000 米以上的林荫下、溪旁或草坡石下的阴湿处。

分布区域：獐耳细辛分布于中国辽宁、安徽、浙江、河南。在朝鲜也有分布。

观赏价值：一年生草本植物，只在早春季节开放，早期只有白色品种，现在陆续出现红、蓝、黄、淡紫的品种。獐耳细辛只能在野外看见，开花时如同小小的精灵，非常美丽。

苞片卵形或椭圆状卵形

萼片粉红色或堇色，狭长圆形

叶基部深心形，3 裂至中部，裂片宽卵形，全缘

叶片正三角状宽卵形

小贴士：獐耳细辛有活血祛风、杀虫止痒的作用；用鲜生姜涂在患处，再用鲜獐耳细辛捣烂后，绞汁涂在患处，可以治疗癣疮；獐耳细辛研磨成末，用槿木煎油后，调搽在患处，对头疮白秃有一定疗效；取适量獐耳细辛，加水煎出汁液后，浸泡冲洗，可以治疗恶疮、疥痂、瘘蚀、皮肤虫痒等病症。

你知道吗？獐耳细辛花形多姿美丽，令人赏心悦目。它在和煦的早春季节开放，花色最初只有白色，经过品种改良，现在已经出现红色、蓝色、黄色、淡紫色等品种。

花语：獐耳细辛的花语是忍耐、羞怯。受到这种花语祝福的人，大多数性格内向，很难向别人表达自己内心的情感。

叶有长柄

花期：4~5 月 | 目科属：毛茛目、毛茛科、獐耳细辛属 | 别名：幼肺三七、及己

金莲花

植物形态：一年生或多年生草本植物，植株高 30-100 厘米。茎不分枝，高 30~70 厘米。叶有长柄，基生，叶呈五角形。花通常单生长于顶，萼片倒卵形或椭圆状倒卵形，花瓣常见的颜色有红色、黄色或橙色。蓇葖上有较明显的脉网。有黑色的近倒卵球形的种子，光滑。

生长习性：金莲花喜温暖、湿润、阳光充足的环境和排水性良好、肥沃的土壤，耐寒性较好，常年生存在 2~15℃、海拔 1000~2200 米的高山草甸、山地草坡或疏林地带。

分布区域：分布于中国山西、河南、河北、内蒙古、辽宁和吉林等地。

栽培方法：金莲花使用播种繁殖和扦插繁殖的方式。播种繁殖：首先用 40~45℃温水浸泡种子，后点播在素沙盆中，覆盖细沙 1 厘米左右，10 天左右出苗，幼苗有 2 片真叶后分栽。扦插繁殖：春季室温 13~16℃时，剪取有 3~4 片叶的茎，长 10 厘米，插入沙中，10 天发根，20 天后上盆。金莲花栽培要选用富含有机质的沙壤土，pH 值为 5~6。生长时如有蚜虫和白粉虱等虫害，可以用吡虫灵、扑虱灵等无公害农药防治。

小贴士：金莲花味辛辣，其嫩芽、花蕾、新鲜种子都可以作为食品调味料；金莲花洗净后泡茶，茶水清亮，还有微微茶香；金莲花的种荚可以腌制泡菜，微辣甘甜，花和鲜嫩叶可以生食。金莲花有清热解毒、滋阴降火、养阴和杀菌的作用；可以治疗扁桃体炎、咽炎、急性中耳炎、急性鼓膜炎、急性淋巴管炎、口疮等病症；能补充细胞的营养，可以活血养颜，有提神醒脑的作用；金莲花的茎、叶、果实均含有精油，其叶子中富含维生素和铁，对胃溃疡和坏血病都有一定疗效。

花语：金莲花的花语是孤寂之美。另一个花语是行侠仗义。

花瓣常见有黄、橙、红色

花通常单生长于顶

茎高 30~70 厘米，不分枝

叶片五角形，3 全裂，全裂片分开

花期：6~7 月　目科属：毛茛目、毛茛科、金莲花属　别名：寒金莲、旱金莲、旱地莲、金芙蓉

曼陀罗

植物形态：一年生草本植物，植株高 50~150 厘米。有粗壮的茎，呈圆柱状，淡绿色或带紫色，下部木质化。叶片呈宽卵形或者卵形，互生，上部呈对生状。叶腋或枝杈间单生有花，有较短的梗，直立。花冠呈漏斗状，上部的颜色为淡紫色或者白色，下部的颜色带绿色。

生长习性：曼陀罗喜欢温暖、向阳的环境和排水性良好的沙壤土。多野生在田间、沟旁、道边、河岸、山坡等地方。也常见于住宅旁、路边或草地上。

分布区域：曼陀罗花原产于墨西哥。广泛分布于世界温带至热带地区。中国各地均有分布。

叶片卵形或宽卵形

蒴果卵状，表面生有坚硬针刺

花冠漏斗状，白色或淡紫色

栽培方法：曼陀罗可以采用播种繁殖和扦插繁殖的方式。播种繁殖：4 月上旬，采用直播或者育苗移栽。播种床上撒种子，覆土、喷水，经过生长就可以移栽。幼苗生长期要注意除草。扦插繁殖：春季进行扦插时，选择 1~2 年生的枝条，秋季进行扦插时，选当年生的成熟枝条。选择蛭石或珍珠岩作为扦插基质。

小贴士：曼陀罗香味奇特，给人高贵华丽的感觉，带着神秘、浪漫的气质，但是曼陀罗是剧毒之物，不适合用于家居装饰，在室外看见它也要注意。种植在庭院中时，注意提防小孩、路人，勿要误食或者近闻，以免中毒。曼陀罗花用于麻醉，花瓣有镇痛的作用，治疗神经痛的效果很好；花能祛除风湿、止喘定痛，可以用于治疗惊痫和寒哮，煎汤洗可以治疗寒湿脚气；叶和籽可用于镇咳镇痛。

花语：曼陀罗的花语是无间的爱和复仇，代表不可预知的死亡和爱。曼陀罗花颜色越深，其寓意就越黑暗。紫色曼陀罗的花语是恐怖；粉色曼陀罗的花语是适意；蓝色曼陀罗的花语是诈情、骗爱；绿色曼陀罗的花语是生生不息的希望；金曼陀罗的花语是幸运，拥有永无止境的快乐；白色曼陀罗的花语是白皙柔软；黑色曼陀罗的花语是黑暗；红色曼陀罗的花语是血腥的爱。

蒴果成熟后淡黄色，规则 4 瓣裂

种子卵圆形，稍扁，褐色

花期：6~10月	目科属：茄目、茄科、曼陀罗属	别名：曼荼罗、满达、曼扎、曼达

酸浆

植物形态： 多年生直立草本植物，植株高 50~80 厘米。地上茎有纵棱，不分枝，基部多匍匐生根，有膨大的茎节，幼茎被有密集的柔毛。叶片呈卵形、长卵形至阔卵形，互生。有阔钟状花萼，密生柔毛，还有白色或淡黄色辐状花冠。浆果颜色为橙红色，呈球状，淡黄色的种子呈肾形。

生长习性： 酸浆常作一年生栽培，适应性很强，耐寒、耐热，喜凉爽、湿润气候。喜阳光，不择土壤，尤其是原产于亚洲的酸浆在 3~42℃的温度范围内均能正常生长。繁殖生长速度快，见效快，适合庭院栽培。酸浆的生长势强，多种植于花坛，供观赏之用。

分布区域： 广泛分布于欧亚大陆。在中国主产于甘肃、陕西、河南、湖北、四川、贵州和云南。

花萼阔钟状，密生柔毛

地上茎常不分枝，有纵棱

叶互生，叶片卵形、长卵形至阔卵形

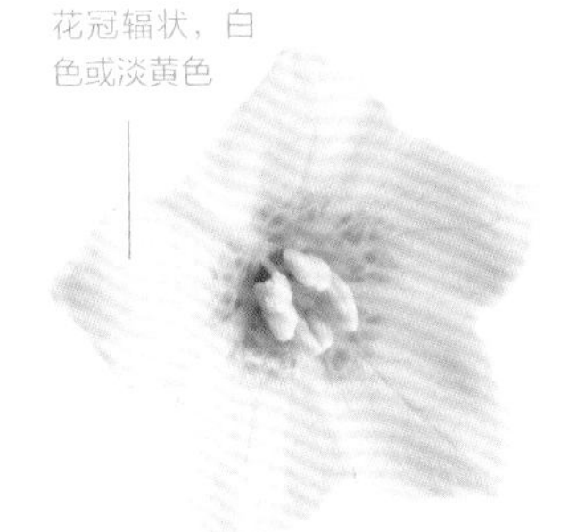

栽培方法： 酸浆采用根状茎营养繁殖的方法。北方清明节前后刨取酸浆的根茎，剪成 10 厘米段，每段留 2~3 个芽，沟里条播剪好的根状茎段，行距 50 厘米，株距 10~13 厘米，覆 3~5 厘米厚土，浇水，14~15 天可以出苗。

小贴士： 酸浆的果实可供食用，是营养较丰富的水果蔬菜。可以生食、糖渍、醋渍或作果浆。富含维生素 C、胡萝卜素、20 多种矿物质和 18 种人体需要的氨基酸。酸浆具有清热、解毒、利尿、强心、抑菌等功能；主治热咳、咽痛、喑哑、急性扁桃体炎、小便不利和水肿等病症；果实有清热利尿的功效，外敷可消炎。

花语： 酸浆的花语是自然美。

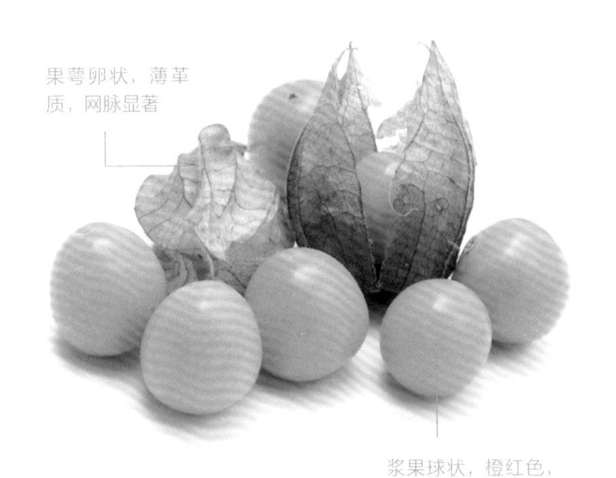

诸葛菜

植物形态：一年生或二年生草本植物，茎直立，单一。叶基生，下部茎生叶羽状深裂，上部茎生窄卵形或者长圆形叶，叶缘有钝齿。总状花序顶生，花的颜色为淡紫红色或者蓝紫色，最终会变为白色，花瓣中有幼细的脉纹。有线形的长角果。

生长习性：有较强的耐阴性和耐寒性，冬季常绿，在山地、平原、路旁和地边都可以生长，对光照和土壤的要求不高。

花多为蓝紫色或淡紫红色，最终变为白色

花瓣 4 瓣，长卵形，有幼细的脉纹

分布区域：分布在中国东北、华北、华东等地区。

栽培方法：诸葛菜采用种子繁殖方式。秋季开始播种，选用疏松、土质肥沃的土壤。播种采用撒播和条播两种方式。条播行距在 15~20 厘米，撒播需要进行翻土掩埋。幼芽生长时期要增加施肥，增加光照以促进生长。

小贴士：诸葛菜可以食用，用来凉拌、做馅或者炒食。可以在绿化带中大量使用，花开成片，有很好的绿化、美化效果。诸葛菜可以降低体内的胆固醇含量；可以清理血管，软化血管，预防血栓形成；诸葛菜种子中含有丰富的亚油酸，是心血管病患者的良好药物。

花语：诸葛菜的花语是谦逊质朴、无私奉献。诸葛菜春天开花，紫色的光芒丰富了整个春天，夏天一到，又重新生长。它默默地守护着大自然。

花期：4~6 月　目科属：十字花目、十字花科、诸葛菜属　别名：二月兰、菜子花、紫金草

接骨草

植物形态：多年生草本植物，植株高 1~2 米。茎有棱条，没有毛，斜生。叶没有柄，互生或对生，叶片呈斜倒卵状长椭圆形或者斜长椭圆形，有细锯齿边缘。顶生有复伞形花序，杯状萼筒，大花冠的颜色为白色，花药的颜色则为紫色或黄色。果实近圆形，颜色为红色，成熟时为黑色。

生长习性：耐寒，喜欢湿润、凉爽的气候，忌连作和高温，对土壤要求不严格。适应性较强，对气候要求不严，喜向阳，但又能稍耐阴。以肥沃、疏松的土壤栽培为好，但涝洼地不适合种植。多生长于海拔 300~2600 米的山坡、林下、灌丛、沟边和草丛中。

分布区域：分布于中国陕西、甘肃、江苏、安徽、浙江、江西、福建、台湾、河南、湖北、湖南、广东、广西、四川、贵州、云南、西藏等地。日本也有分布。

栽培方法：接骨草秋天结果，果实成熟后采集果实，用手揉搓出种子。苗床上挖开一条较浅的沟，用条播的方式来播种，覆土 1~1.5 厘米。种子出芽温度在 7.6~12.4℃，34 天左右即可长出芽苗。芽苗成长时期，注意浇水，清除杂草。

小贴士：接骨草可以祛风利湿、活血止血，对风湿痹痛、痛风、大骨节病、急慢性肾炎、风疹等可起到治疗作用，对骨折肿痛、外伤出血也有一定疗效。

花语：接骨草的花语是积极上进。

花期：4~5 月　目科属：川续断目、五福花科、接骨木属　别名：排风藤、铁篱笆、臭草、苛草、英雄草

蔊菜

植物形态：一年生草本植物，茎上有纵条纹，分枝，斜生或者直立，有时还带有紫色。基生叶片呈大头状羽裂或者卵形，有近于全缘或者浅齿裂的边缘。侧生或者顶生有总状花序，花瓣的颜色为鲜黄色，呈长倒卵形或者宽匙形。

生长习性：蔊菜性喜温暖、湿润的环境，生长在海拔 500~3700 米的路旁或田野。

分布区域：全国各地均有分布。

栽培方法：蔊菜野生能力强，种子飘散，自然生长。将野生小苗移植到田间种植即可。蔊菜种子晒干，放在干燥、阴凉的地方保存。选择肥沃、疏松的土质，施腐熟的有机肥，3~11 月都可播种。播种时，种子和细沙混匀撒播，保持田间湿润，及时除杂草。

小贴士：蔊菜采摘后洗干净，入沸水焯烫后捞出，炒食、做汤、榨汁都可以。蔊菜适用于咽喉肿痛、感冒发热、急性风湿性关节炎、肝炎、小便不利等症状；外用可以治疗蛇咬伤、疔疮痈肿等症状。

你知道吗？蔊菜不仅有一定的观赏价值，还可以作为野菜食用。蔊菜中含有丰富的维生素、胡萝卜素、蛋白质以及多种微量元素，营养非常全面。

花语：蔊菜的花语是配角。

花瓣鲜黄色，宽匙形或长倒卵形

茎直立或斜升，分枝，有纵条纹

花期：4~5 月　目科属：十字花目、十字花科、蔊菜属　别名：辣米菜、野油菜、塘葛菜、干油菜

剪秋罗

植物形态： 多年生草本植物，植株高 50~80 厘米，整株被有柔毛。根呈纺锤形，簇生。叶片呈卵状披针形或者卵状长圆形，茎直立。有二歧聚伞花序，紧缩成伞房状。花瓣的颜色为深红色，瓣片轮廓呈倒卵形。副花冠片的颜色为暗红色，长椭圆形，流苏状。

生长习性： 喜凉爽湿润的环境，对土壤要求不严。生长于海拔 400~2000 米的山林草甸、林间草地。

分布区域： 分布于内蒙古、云南、黑龙江、吉林、辽宁、河北、山西、四川等地。日本、朝鲜和俄罗斯（西伯利亚和远东地区）也有分布。

二歧聚伞花序，紧缩成伞房状

花瓣红色，瓣片轮廓倒卵形

副花冠片长椭圆形，暗红色，呈流苏状

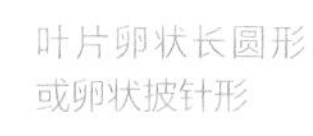

叶片卵状长圆形或卵状披针形

花梗细长

栽培方法： 剪秋罗采用播种繁殖和分株繁殖的方式。播种繁殖：春季和秋季可以进行繁殖。春播在 3~4 月，秋播在 8~9 月，播种时选择播种床或育苗盆，将种子和细沙混合撒播，注意保持合适的温度，7~10 天出苗，长出 5 片叶子时，进行移栽定植。分株繁殖：春季和秋季进行分株，将剪秋罗的植株取出，分成几株，株上带芽即可。

小贴士： 剪秋罗多作为观赏性植物被种植在园林中，用于花坛、花境的布置，也进行盆栽养殖，用作切花。剪秋罗全草可入药，可以清热利尿、健脾安神、缓解头痛等；对失眠、小便不利、盗汗等也有一定的疗效。

花语： 剪秋罗的花语是机智、怨恨、孤独的美。

花期：6~7 月	目科属：石竹目、石竹科、蝇子草属	别名：大花剪秋罗、小尖叶参、山红花

罂粟

植物形态：一年生草本植物，有近圆锥状的主根；茎不分枝，直立，没有毛，呈长卵形或者卵形，互生，有不规则的波状锯齿边缘。顶生有花，花瓣呈宽卵形或者圆形，颜色为白色、紫红色或者粉红色。有长圆状椭圆形或者球形蒴果，成熟时的颜色为褐色。

生长习性：喜阳光充足的环境和湿润、透气的酸性土壤。生长在海拔 900~1300 米地区。有些品种的罂粟花的生长要求较高，生长地点有限，只有在泰国等地才可以看见品种较特殊的罂粟花。

分布区域：分布于中国青海、西藏、陕西、甘肃、北京、四川、贵州、广东、福建、广西、海南、江苏、上海、云南、新疆、浙江、吉林、河北和江西等地。泰国也有分布。

栽培方法：罂粟采用播种和根插繁殖的方式。播种繁殖：8 月下旬至 9 月播种，用小花盆或营养钵育苗，长出 3~4 片叶时脱盆，直接播入地中，2 周出苗。根插繁殖：早春或秋季进行。移栽前要浇透水，挖时多带土。幼苗期间保证水肥充足。

花顶生，花瓣圆形或宽卵形

蒴果球形或长圆状椭圆形

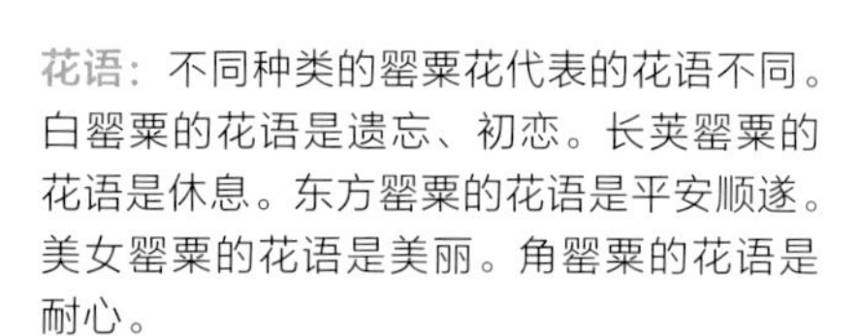

花语：不同种类的罂粟花代表的花语不同。白罂粟的花语是遗忘、初恋。长荚罂粟的花语是休息。东方罂粟的花语是平安顺遂。美女罂粟的花语是美丽。角罂粟的花语是耐心。

小贴士：罂粟有止咳、止痛和催眠的功效，可以治疗咳嗽、久泻、久痢、脱肛等病症。

你知道吗？中国严禁任何单位和个人非法种植罂粟；严禁任何餐饮行业、食品生产经营者或个人在食品中添加罂粟及其非法制品。

花白色、粉红色或紫红色

花梗长可达 25 厘米

花期：3~11 月　目科属：毛茛目、罂粟科、罂粟属　别名：罂子粟、御米、象谷、米囊、囊子

白屈菜

伞形花序，花梗纤细

植物形态： 多年生草本植物，植株高 30~100 厘米。有粗壮的圆锥形主根，侧根较多，颜色为暗褐色。茎常被短柔毛，节上较为密集，多分枝，聚伞状。叶呈宽倒卵形或者倒卵状长圆形，羽状全裂。有纤细花梗和伞形花序，花瓣呈倒卵形，全缘，颜色为黄色。

生长习性： 白屈菜喜阳光充足、温暖、湿润的环境，耐寒，耐热，耐干旱，耐修剪，不择土壤。生长在海拔 500~2200 米处，多见于山坡、山谷湿润的地方、绿林草地、草丛、水沟旁、路旁、石缝处以及住宅附近。

分布区域： 中国大部分地区都有分布。朝鲜、韩国、日本、俄罗斯等也有分布。

栽培方法： 白屈菜采用种子繁殖的方式，选择疏松、肥沃、排水性好的沙壤土。春、夏、秋三个季节都可播种，行距 100 厘米，种子和细沙拌匀，条播覆土 5 厘米，压实并浇水，15 天左右出苗，苗过密处进行间拔，保持株距 25~30 厘米，及时清除杂草。

小贴士： 白屈菜可以治疗慢性胃炎引起的胃痛，有下心火、解热、镇痛、镇静的疗效；可以辅助治疗肝硬化、皮肤结核、脚气病、胆囊病以及水肿、黄疸等病症；外用可以治疗疥癣，对毒蛇咬伤有消肿止痛的作用。

花丝丝状，黄色，花药长圆形

叶柄长 2~5 厘米，短柔毛或无毛

叶片羽状全裂，宽倒卵形或倒卵状长圆形，边缘圆齿状

花语： 白屈菜的花语是认生。白屈菜的一根茎上只生长一朵黄色的小花，而且只在太阳照射的时候开花。如果遇到下雨天或者阴天，就会立刻躲起来，特别像怕生的人。

花瓣倒卵形，全缘，黄色

花期：5~8 月 | 目科属：毛茛目、罂粟科、白屈菜属 | 别名：地黄连、牛金花、土黄连、八步紧

水苦荬

植物形态：一年生或二年生草本植物，茎高 25~90 厘米，直立，中空，基部略微倾斜。叶呈长圆状卵圆形或者长圆状披针形，对生，有波状齿或者全缘。腋生有总状花序，花冠的颜色为白色或者淡紫色，带有淡紫色的线条。蒴果近圆形，长圆形种子扁平。

叶对生，长圆状披针形或长圆状卵圆形，全缘或有波状齿

花瓣椭圆形，细小，互生

茎直立，中空，有时基部略倾斜

生长习性：喜温暖、湿润的环境，生长于水边及沼地。

分布区域：在中国主要分布在河北、江苏、安徽、浙江、四川、云南、广西和广东等地，长江以北及西南各地也有分布。国外主要分布在朝鲜、韩国、日本、尼泊尔、印度和巴基斯坦。

小贴士：水苦荬具有清热解毒、活血止血的功效，可以治疗疮肿、跌打损伤、感冒咽痛、劳伤咯血、痢疾、痛经、月经不调等病症；水苦荬还有清热利尿的功效；对风湿痛、胃痛也有一定疗效。

你知道吗？水苦荬嫩叶洗干净后焯熟，再用清水冲洗，可凉拌食用。取水苦荬 15 克、益母草 12 克、当归 9 克，三种草药一起加水煎服可以缓解月经不调、痛经。水苦荬煎水后加入红糖一起服用，可以缓解妇女产后感冒。

花语：水苦荬代表着温暖纯洁、友善真诚的美好品质。水苦荬的花朵开在春天，花冠呈淡淡的紫色或者白色，花瓣簇拥在一起，为春天带来了生机勃勃的气息，看起来充满希望。

总状花序腋生，花冠淡紫色或白色，有淡紫色的线条

花期：4~6 月　目科属：唇形目、车前科、婆婆纳属　别名：半边山、谢婆菜、水莴苣、水菠菜

直立婆婆纳

植物形态： 一年生或二年生草本植物。茎直立或下部斜生，略伏地。叶呈三角状卵形或卵圆状，对生，有钝锯齿的边缘。疏松穗形总状花序，花的颜色为略带紫色的蓝色。苞片呈披针形或倒披针形。蒴果呈广倒扁心形。

花萼裂片狭椭圆形或披针形

叶对生，卵圆状或三角状卵形，边缘有钝锯齿

生长习性： 喜阳光充足又凉爽的气候。生长于海拔2000米以下的路旁、田边及荒野草地。

分布区域： 原产于欧洲，在北温带地区广泛分布。在中国华东和华中区域常见。

小贴士： 直立婆婆纳嫩苗洗净后用沸水烫熟，再用清水浸泡半天去涩，可以炒食或者做汤。直立婆婆纳适于在花境中栽植，有很高的观赏价值。直立婆婆纳全草可入药，可以清热解毒，还适用于疟疾的治疗。

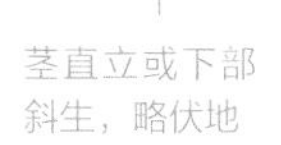

茎直立或下部斜生，略伏地

品种鉴别： 直立婆婆纳和原野婆婆纳的区别是什么？直立婆婆纳4瓣花瓣中有3瓣大花瓣、1瓣小花瓣；原野婆婆纳的4个花瓣大小无明显差别。直立婆婆纳有细软毛，花蓝色而略带紫色；原野婆婆纳有短柔毛，有蓝、白、粉三种颜色。直立婆婆纳略伏地，茎叶卵圆边缘有钝锯齿；原野婆婆纳茎自基部分枝，下部伏生地面，茎叶卵圆形或近圆形，边缘有圆齿。

花语： 直立婆婆纳的花语是健全。意为被这种花祝福的人会身心健康，人生不会有什么大过错。

疏松穗形总状花序，花蓝色而略带紫色

花期：4~5月　目科属：唇形目、车前科、婆婆纳属　别名：脾寒草、玄桃

毛蕊花

植物形态：二年生草本植物，整株被密而厚的星状毛，颜色为浅灰黄色。基生叶和下部茎生叶呈倒披针状矩圆形，有浅圆齿的边缘。还有圆柱状穗状花序，花较为密集，簇生数朵，有很短的花梗，花冠的颜色为黄色。有卵圆形的蒴果，种子多数，粗糙而细小。

生长习性：既忌炎热、多雨的气候，也忌冷湿黏重的土壤，有较强的耐寒能力，喜欢排水性良好的石灰质土壤。毛蕊花生长在海拔1400~3200米的山坡草地、河岸草地等地区。

分布区域：广布于北半球。分布于中国新疆、江苏、浙江、四川、云南、西藏等地。

穗状花序圆柱状，花黄色

栽培方法：毛蕊花采用种子繁殖的方式。9~10月播种，采用直播或者育苗移栽。种子混拌人畜粪水，地上开1米宽的畦，株距50厘米，深7厘米，施入粪水。幼苗有3~4片真叶时补苗，除杂草，追肥1次即可。

小贴士：毛蕊花常用来作为花境的材料，也可以群植的方式栽植在林缘隙地。毛蕊花全草入药，有止血散瘀、清热解毒的疗效；可以治疗创伤出血、跌打损伤、疮毒、慢性阑尾炎、肺炎等病症。

全株被密而厚的浅灰黄色星状毛

花语：毛蕊花的特征是在杂草中笔直挺立，仿佛周遭的事物与它无关，就像拥有自己想法的哲学家或诗人。因此它的花语是思索。

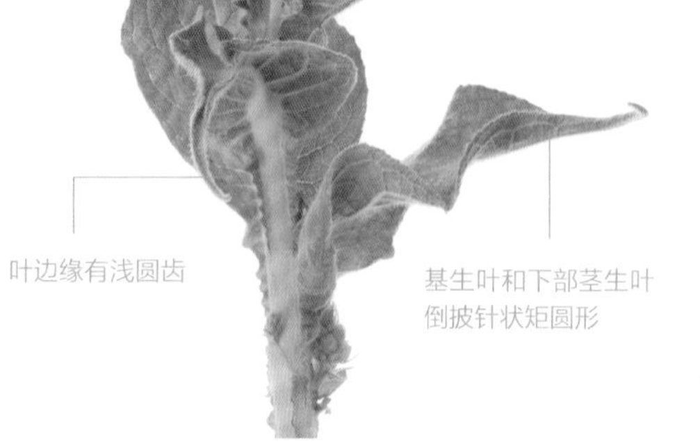

叶边缘有浅圆齿

基生叶和下部茎生叶倒披针状矩圆形

花期：6~8月　目科属：唇形目、玄参科、毛蕊花属　别名：牛耳草、大毛叶、一炷香、虎尾鞭

野胡萝卜

小伞形花序，有花 15~25 朵

茎直立，表面有白色粗硬毛

植物形态：二年生草本植物，植株高 20~120 厘米。茎表面覆盖有白色的粗硬毛，直立。叶生长于根，有长柄，基部呈鞘状。茎生叶的叶柄较短，叶片呈长圆形，薄膜质。小伞形花序，花的颜色为白色、淡紫红色或者黄色，相对较小，花瓣呈倒卵形。

生长习性：野胡萝卜抗寒、耐旱，喜微酸性至中性土壤，喜肥、喜光，对气候、土壤要求不严。主要生长于田野荒地、山坡、路旁。幼苗在 -38℃环境下可安全越冬。

分布区域：分布于欧洲及东南亚地区。在中国，主要分布于江苏、安徽、浙江、江西、湖北、四川和贵州等地。

栽培方法：野胡萝卜采用种子繁殖的方式。播种前 7~10 天整地，种子搓去表面茸毛，直播和催芽播种，播种后覆膜。催芽时用 40℃的温水浸泡 2 小时，控净水后，用纱布包好催芽 5~7 天，60% 的种子露白时即可播种。开穴点播，行距 16 厘米，深 1 厘米，每穴点种 5~8 颗，覆土盖严。

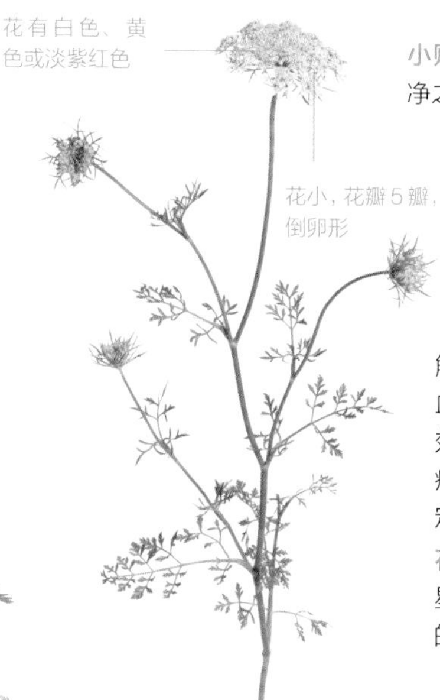

小贴士：野胡萝卜根茎用清水洗净之后，可与其他菜品一起炒食，也可与肉类一起炖食；野胡萝卜可以用来驱虫；皮肤外用时，用野胡萝卜捣出汁液，涂在患处即可。野胡萝卜有健脾化滞的作用，也有凉肝止血、清热解毒的作用；对腹泻、惊风、血淋和咽喉肿痛都有不错的疗效；还可以利水消肿、止咳化痰；对肿毒、痒疹等病症有一定的食疗作用。

花语：野胡萝卜花是水瓶座的星座花，象征智慧、理性。它的花语是惹人怜爱的心。

花期：5~7 月	目科属：伞形目、伞形科、胡萝卜属	别名：安妮女王的蕾丝

老鹳草

植物形态：多年生草本植物，植株高 30~50 厘米。根和茎直生，有簇生的纤维状细长须根。茎单生，直立。基生叶和茎生叶对生，基生叶片呈圆肾形，茎生叶裂片宽楔形或者长卵形。花序顶生或腋生，苞片为钻形，萼片为长卵形，花瓣的颜色为淡红色或者白色，呈倒卵形。蒴果被短柔毛和长糙毛。

生长习性：喜温暖、湿润、阳光充足的环境，耐寒，耐湿。以疏松、肥沃、湿润的壤土栽种为宜。主要生长于山坡草地、平原路边和树林下。

观赏价值：老鹳草的花期在夏季，容易开花，通常养殖 1~2 年就能开花。花瓣比叶子稍长，花梗上有柔毛，花有白色和淡红色，花丝为淡棕色，开花时非常漂亮。

小贴士：老鹳草有抗病毒、抗菌、抗炎的作用；对肝脏疾病的治疗有一定的帮助；有止咳、止泻的作用；还有抗氧化的作用。

花语：老鹳草的花语是吉祥、欢快、警惕、努力。

分布区域：主要分布于中国东北、华北、华东、华中地区，以及陕西、甘肃、四川等地。

栽培方法：栽培老鹳草首先要选用地势较高，有长时间阳光照射，土壤厚度在 25 厘米以上，透气、排水性好的肥沃土壤。春季和秋季种植，间距 30 厘米左右，均匀撒入种子，覆薄土。种植后要定期除草松土，时常浇水，保持土壤湿润，定期补肥。

花期：6~8 月 | 目科属：牻牛儿苗目、牻牛儿苗科、老鹳草属 | 别名：老鹳嘴、老鸦嘴、贯筋、老贯筋

马齿苋

植物形态： 一年生草本植物，整株没有毛。茎多分枝，斜卧或者平卧，呈圆柱形，颜色为带暗红色或者淡绿色。叶扁平，互生，肥厚，呈倒卵形，似马齿状，有粗短的叶柄。花没有梗，花瓣的颜色为红色或者黄色，呈倒卵形。有卵球形的蒴果，盖裂。

生长习性： 适合温暖、阳光充足、干燥的环境，适应性较强，耐旱。丘陵和平地等一般土壤都可栽培，但在阴暗、潮湿之处生长不良。

分布区域： 中国南北各地均产，主要在华南、华东、华北、东北、中南、西南和西北等地区。广泛分布在全世界温带和热带地区。

栽培方法： 马齿苋采用种子繁殖和扦插繁殖的方式。种子繁殖：种子头年从野外采集或栽培而来，播种后保持土壤湿润，7~10 天出苗。扦插繁殖：枝条从当年播种苗或野生苗上采集，每段留 3~5 个节，行株距 5 厘米 ×3 厘米，深 3 厘米，扦插后保持湿度和荫蔽，7 天后可成活。

茎平卧或斜倚，多分枝，圆柱形，淡绿色或带暗红色

叶互生，叶片扁平，肥厚，倒卵形，似马齿状，叶柄粗短

小贴士： 马齿苋生食、烹食都可以。可以做汤或做沙司、炖菜；也可以凉拌或者切碎做馅料。马齿苋具有清热解毒、凉血止血、止痢等作用；可以治疗热毒血痢、痈肿疔疮、湿疹、丹毒等病症；对蛇虫咬伤、便血、痔血、崩漏下血也有效果。

花语： 马齿苋的花语是永结同心。它的叶片和花朵紧密相连，像爱人一样依靠在一起，永远不分开，象征美好的爱情。马齿苋的另一种花语是幸福和幸运。马齿苋开花的时候很少，如果可以看见它开花，象征着幸福即将到来，表明运气很好。

花无梗，花瓣黄色或红色

花瓣倒卵形

花期：5~8 月 | 目科属：石竹目、马齿苋科、马齿苋属 | 别名：蓬苋四、千瓣苋、长寿菜、马齿菜

太阳花

茎细而圆，平卧或斜生，节上有丛毛

花瓣颜色鲜艳，有白、黄、红、紫等色

植物形态： 一年生草本植物，茎斜生或者平卧，细而圆，节上有丛毛。叶对生，被疏柔毛，托叶三角状披针形，边缘带有柔毛。枝顶簇生数朵或者单生有花，基部有叶状苞片，花瓣的颜色十分鲜艳，有白色、黄色、红色、紫色等。

生长习性： 喜欢阳光充足、温暖的环境，阴暗、潮湿的环境不利于生长。对土壤没有太高的要求，对瘠薄的土地有很强的适应能力，尤其喜欢排水性良好的沙壤土。

分布区域： 原产于南美、巴西、阿根廷、乌拉圭等地。在中国主要分布在黑龙江、吉林、辽宁、河北、河南、山东、安徽、江苏、浙江、湖南、湖北、江西、甘肃、青海、内蒙古 、广东、广西、重庆、四川、贵州、云南、山西、陕西等地。

栽培方法： 太阳花采用播种和扦插繁殖的方式。播种繁殖：春、夏、秋三个季节都可播种，气温 20℃以上时种子萌发，播后 10 天左右发芽。幼苗分栽保持行株距 6 厘米 ×5 厘米，15℃以上约 20 天即可开花。扦插繁殖：夏季剪下枝梢作为插穗，移栽无需带土。

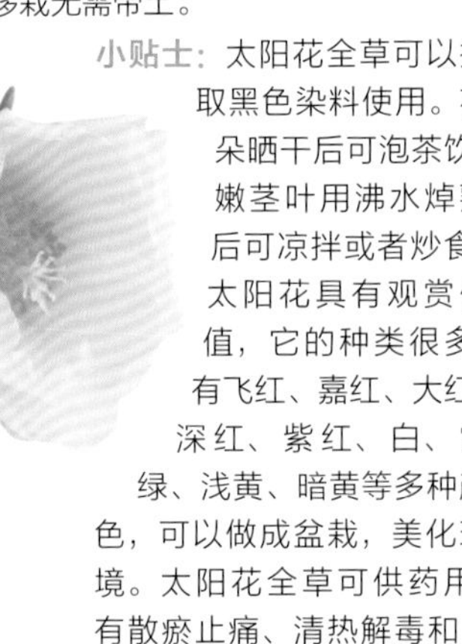

叶对生，托叶三角状披针形，被疏柔毛

小贴士： 太阳花全草可以提取黑色染料使用。花朵晒干后可泡茶饮，嫩茎叶用沸水焯熟后可凉拌或者炒食。太阳花具有观赏价值，它的种类很多，有飞红、嘉红、大红、深红、紫红、白、雪绿、浅黄、暗黄等多种颜色，可以做成盆栽，美化环境。太阳花全草可供药用，有散瘀止痛、清热解毒和消肿的作用，可以用于烫伤、跌打损伤、咽喉肿痛、疮疖肿毒等病症。

花语： 太阳花的花语是沉默的爱、光明、热烈、忠诚、阳光。

花单生或数朵簇生于枝顶，基部有叶状苞片

花期：5~11 月　目科属：石竹目、马齿苋科、马齿苋属　别名：大花马齿苋、半支莲、松叶牡丹

南苜蓿

植物形态：一年生或二年生草本植物，植株高 20~90 厘米。茎呈近四棱形，直立或平卧，基部分枝。羽状三出复叶，卵状长圆形托叶较大，小叶倒卵形或三角状倒卵形。头状伞形花序，总花梗腋生，花冠黄色，旗瓣倒卵形。荚果盘形，暗绿褐色；种子长肾形，棕褐色。

生长习性：喜生长于较肥沃的路旁、荒地，较耐寒，适应路埂生长，为常见的路埂及草地杂草。对土壤要求不严，以富于钙质的壤土或沙壤土最为适宜。

分布区域：整个欧洲大陆均有分布。在中国产于长江流域以南，主要分布在安徽、江苏、浙江、江西、湖北和湖南等地，陕西、甘肃、贵州、云南也有分布。

储存方法：草架干燥法：首先苜蓿鲜草干燥 1~2 天，含水量降至 45%~50%。堆放时自下而上逐层堆放，厚度不宜超过 70~80 厘米，最底层应高出地面 20~30 厘米。草棚贮存法：建造干草棚，在棚内设置草架，进行贮藏。

小贴士：南苜蓿可以作绿肥和饲料；可以进行栽培，作为蔬菜食用。南苜蓿全草可入药，有祛脾胃湿热、清热解毒的功效。

花语：南苜蓿的花语是幸福、希望。

花期：3~5 月　目科属：豆目、豆科、苜蓿属　别名：刺苜蓿、刺荚苜蓿、黄花苜蓿、金花菜

鹿蹄草

植物形态：常绿草本植物，植株高 10~30 厘米。根横生或斜生；茎细而长，直立，有分枝。叶基生，圆卵形或椭圆形，革质，边缘近全缘或有疏齿。总状花序，花稍下垂且倾斜，花冠较大，广钟状，颜色为白色，有时还会稍带淡红色，花瓣呈倒卵形或者倒卵状椭圆形。蒴果扁球形。

生长习性：喜冷凉阴湿的环境，以排水良好的腐殖质土壤为好。生长于海拔 700~4100 米的山地针叶林、针阔叶混交林或阔叶林下。

分布区域：分布在中国陕西、青海、甘肃、山西、山东、河北、河南、安徽、江苏、浙江、福建、湖北、湖南、江西、四川、贵州、云南和西藏等地。

栽培方法：鹿蹄草采用播种和分株繁殖的方式。播种繁殖：选用阴湿、排水性良好的腐殖质土壤。分株繁殖：9~10 月，每株带有部分匍匐茎和须根，开 1.3 米宽的畦，行距 25 厘米，深 6~7 厘米，将幼苗放入沟里，盖上腐殖质土，与地面齐平。

小贴士：鹿蹄草有强心、稳定血压的功效，对老年心脑血管疾病有疗效；鹿蹄草可以补肾强骨、祛风除湿、止咳止血。

花语：鹿蹄草的花语是祥和，代表最原始的起点，是生命的语言。

花冠广钟状，较大，白色，有时稍带淡红色

花瓣倒卵状椭圆形或倒卵形

叶基生，革质，椭圆形或圆卵形

花期：6~8 月　目科属：杜鹃花目、杜鹃花科、鹿蹄草属　别名：鹿寿草、破血丹、鹿含草、六衔草

缬草

花序顶生成伞房状或集聚成圆锥形花序

植物形态： 多年生草本植物，植株高可达 120 厘米。根状茎呈头状，粗而短，簇生有须根。茎有纵棱，中空，被粗毛。叶披针形至线状披针形，坚纸质，全缘，叶柄较短。圆锥形花序或顶生成伞房状花序，花冠的颜色为紫、紫红至蓝色或白色。有黑褐色的卵球形小坚果。

生长习性： 生长在海拔 2500 米以下的山坡草地、林下、沟边。喜湿润，耐涝，也较耐旱，土壤以中性或弱碱性的沙壤土为佳。

分布区域： 分布在中国东北至西南的广大地区，主要有安徽、江苏、浙江和江西等地。欧洲和亚洲西部也有广泛分布。

茎中空，有纵棱，被粗毛

栽培方法： 缬草采用种子繁殖和无性繁殖的方式。种子繁殖有直播和简易育苗 2 种方式，无性繁殖主要是进行单芽点切块繁殖。缬草开花盛期要进行除草，行间土壤挖松整细；种子成熟后，均匀散落在地上，15 天后发芽，苗高 10 厘米时除草 1 次。

小贴士： 缬草的茎叶被一些鳞翅目物种（主要是蝴蝶和蛾）的幼虫当作食物。缬草具有安神镇痛的作用，有调节血压的功效；缬草可以抑制革兰氏阳性细菌的生长繁殖；缬草有利尿功效，可缓解小便不利的症状。

花语： 缬草的花语是奉献。

花期：6~9 月	目科属：川续断目、忍冬科、缬草属	别名：欧缬草

珍珠菜

植物形态：多年生草本植物，整株被黄褐色的卷曲柔毛。茎呈圆柱形，直立，不分枝，基部带红色。单叶互生，叶呈阔披针形或卵状椭圆形。顶生有总状花序，花较为密集，花冠的颜色为白紫色，花丝略带有毛。蒴果近球形。

生长习性：喜温暖，对温度要求低。土壤适应性强。生长于海拔300~1700米的山坡、路旁及溪边草丛等湿润处。

分布区域：分布于中国东北、华北、华南、西南及长江中下游地区。

栽培方法：珍珠菜采用扦插繁殖和分株繁殖的方式。全年均可进行扦插，选带3~5芽、约10厘米长的枝茎，插入准备好的苗床。插后浇透水保湿。春季约10天发根，冬季2~3周发根。分株繁殖：挖出植株，用刀把各分枝切割开，定植即可。

小贴士：珍珠菜是一种营养丰富的野菜，含有多种矿物质和维生素，对人体健康非常有益。秋季可以采收珍珠菜的嫩枝、嫩叶鲜用，也可晒干保存。珍珠菜有清热化湿、活血利水、消肿止痛的作用；可以缓解盗汗、感冒发热、风湿关节痛、湿疹、口腔破溃、疝气等；外用可治疗痈疖、脚癣、蛇咬伤等。

你知道吗？珍珠菜被中国农林科学院批准为药食两用蔬菜，是纯天然的绿色营养保健型蔬菜。

花期：5~7月 | 目科属：杜鹃花目、报春花科、珍珠菜属 | 别名：红根草、扯根草、九节莲、矮桃

肿柄菊

植物形态：一年生草本植物，植株高 2~5 米。茎有粗壮的分枝，直立，被稠密而短的柔毛。叶呈卵形、近圆形或卵状三角形，有长柄，边缘有细锯齿。顶生有头状花，舌状花 1 列，颜色为黄色，舌片长卵形。瘦果呈长椭圆形，被短柔毛，扁平。

生长习性：有很强的适应性，较耐干旱和贫瘠。在一般土壤中都能生长，在湿润而又肥沃的土壤中生长最为适宜，在沟边、河岸、田边及路边经常可以见到。

分布区域：原产自墨西哥及中美洲地区，后被引种到亚洲、非洲、北美、澳洲的许多国家和地区，东南亚、南非、太平洋一些地区也有。在中国，主要分布于广东、云南、广西、台湾，福建省的福州、莆田、泉州、厦门等地也有分布。

头状花序顶生

栽培方法：肿柄菊采用播种和扦插的繁殖方式。3~4 月播种，种子发芽温度在 15℃以上，种子发芽率只有 20%~30%。春、夏、秋三个季节均可扦插，用沙壤土或黄壤土作培养土，插条长 10~20 厘米，留 2~3 芽、去叶，15~25 天长出新根，放在光照充足的地方养护。

小贴士：肿柄菊可以改善土壤，增加磷的有效性。即使在没有有机肥料的情况下，肿柄菊也能促进农作物的生长，而且可以增加土壤湿度，还避免了铝对植物的毒害。肿柄菊茎叶和根可以入药，有消暑利水、清热解毒的功效。

花语：肿柄菊的花语是幸福、幸运儿。

叶卵状三角形、卵形或近圆形，叶边缘有细锯齿

茎直立，被稠密的短柔毛

舌状花 1 列，舌片长卵形

花期：9~11 月	目科属：菊目、菊科、肿柄菊属	别名：墨西哥向日葵、假向日葵、金光菊

波斯菊

花舌片椭圆状倒卵形

植物形态：一年生或多年生草本植物，植株高1~2 米。根呈纺锤状，有较多须根。茎稍被柔毛或没有柔毛。叶二次羽状深裂，裂片丝状线形或线形。单生有头状花序，舌状花颜色为粉红色、紫红色或白色，舌片呈椭圆状倒卵形，管状花颜色为黄色。瘦果黑紫色。

生长习性：喜欢温暖和光照，忌酷热，不耐寒，耐干旱、瘠薄。波斯菊对土壤要求不高，适宜栽培在疏松、排水性良好的沙壤土中。生长在海拔 2700 米以上的路旁、田埂，溪岸也常自生。波斯菊喜欢光照，要养在有光照的地方。波斯菊喜水，但忌积水，要避免盆土积水。施肥时，肥料不宜过浓，需要稀释后使用。

叶二次羽状深裂，裂片线形或丝状线形

舌状花紫红色、粉红色或白色

花序梗长6~18 厘米

分布区域：波斯菊原产自美洲墨西哥。在中国全国各地均有分布，云南、四川分布较多。

栽培方法：波斯菊采用种子繁殖和扦插繁殖的方式。种子繁殖：3 月下旬至 4 月上旬，将种子播在苗床上，地温 15℃时也可发芽。扦插繁殖：5 月选取粗壮的顶枝，剪取 8~10 厘米的一段作为插条，3~5 株为一丛插在花盆内，浇水后遮阴，半个月后生根。

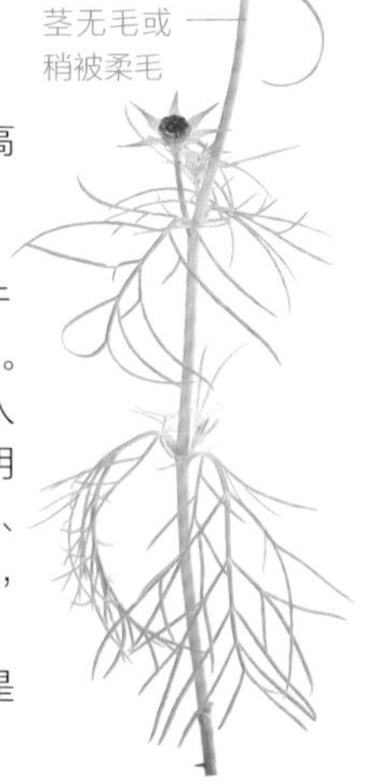

茎无毛或稍被柔毛

小贴士：波斯菊株形高大，花色很好，适合作为切花和花境的材料，也可以用于点缀于花坛、路旁或者墙边。花序、种子或全草可入药，具有清热解毒、明目化湿的作用；对急、慢性痢疾，目赤肿痛，痈疮肿毒有一定疗效。

花语：波斯菊的花语是怜惜眼前人。

花期：6~8 月　目科属：菊目、菊科、秋英属　别名：秋英、秋樱、八瓣梅、扫帚梅

毛茛

植物形态： 多年生草本植物，整株被白色而细长的毛。簇生有须根，茎高 30~70 厘米，中空，有槽，直立，有分枝。有多数基生叶，叶片呈五角形或圆心形。多数花形成聚伞花序，疏散；花瓣呈卵状圆形，颜色为黄色。

生长习性： 喜欢温暖、湿润的气候，在日温 25℃时生长最好。生长期间需要适当的光照，忌土壤干旱，不宜在重黏性土中栽培。在海拔 200~2500 米的林缘路边、湿地、河岸、田野、沟边和阴湿的草丛中常见。

分布区域： 中国全国各地均有分布，以西藏最为常见。除中国以外，朝鲜、韩国、日本、俄国斯也有分布。

栽培方法： 毛茛采用种子繁殖的方式。用育苗移栽或直播法，9 月上旬育苗，播后盖草皮灰和稻草，1~2 星期后出苗，揭去稻草；苗高 6~8 厘米时，按行株距 20 厘米 ×15 厘米定植。

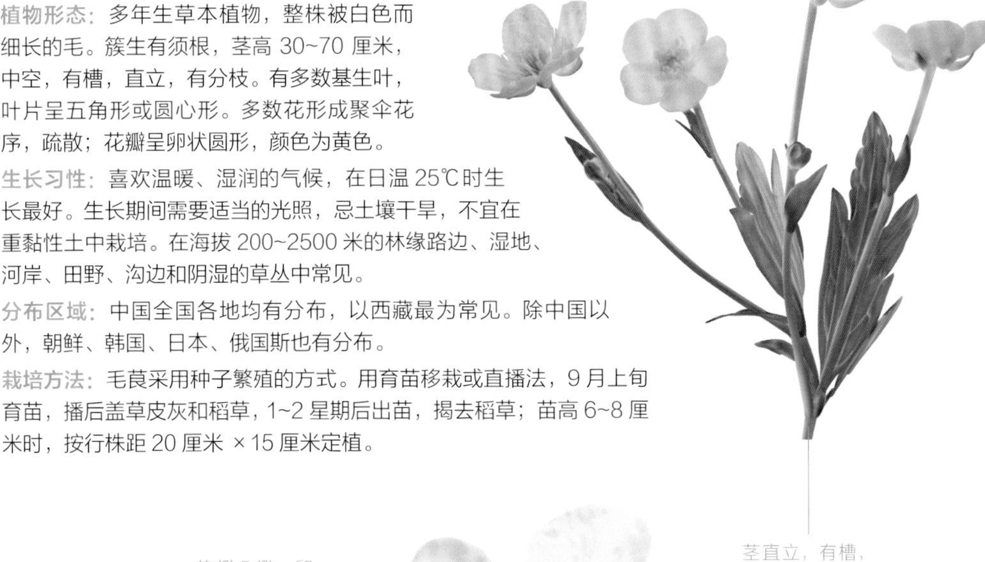

小贴士： 毛茛具有退黄定喘、截疟镇痛的功效，可以治疗黄疸、哮喘、疟疾、偏头痛等病症；对牙痛、鹤膝风、风湿关节痛、痈疮肿毒也有一定功效。取毛茛全草 100 ～ 200 克，洗净切碎，捣烂外敷，可以缓解风湿性关节痛、关节扭伤等病症；毛茛洗净捣烂，加少许红糖调匀后服用，可治疗胃痛。

花语： 毛茛的花语是受欢迎。

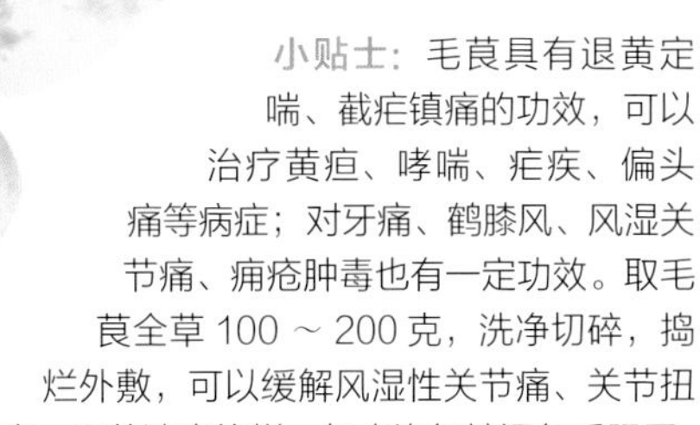

花期：4~5 月　目科属：毛茛目、毛茛科、毛茛属　别名：鱼疔草、鸭脚板、野芹菜、山辣椒

麦仙翁

植物形态：一年生草本植物，植株高 60~90 厘米。整株密被白色而长的硬毛。茎直立，单生，上部分枝或不分枝。叶片呈线状披针形或线形，有明显的中脉。花单生，花梗极长，花瓣颜色为紫红色，花瓣呈倒卵形，先端微凹缺。蒴果卵形，种子呈圆肾形或不规则卵形，颜色为黑色。

生长习性：适应性很强，生长于麦田中或路旁草地，为田间杂草。夏季开花，能自播繁殖，生长旺盛。

分布区域：中国主要分布于黑龙江、吉林、内蒙古、新疆等地。欧洲、非洲和北美洲也有分布。

栽培方法：麦仙翁采用种子繁殖的方式。它的自播能力强，早春季节进行播种，上盆时需要在花盆底部放一些碎瓦片，这样有利于植物进行排水。生长旺盛期，需要充足的光照，温度控制在 15~35℃，合理浇水施肥。

植株高 60~90 厘米，被白色长硬毛

花梗极长

小贴士：麦仙翁具有很好的观赏价值，可以作为切花的材料，也可以栽植于花坛、花境中。麦仙翁全草可入药用，主要功效有止咳平喘、温经止血；可以治疗百日咳等病症；对妇女崩漏、月经过多也有一定疗效。

花语：麦仙翁的花语是喜爱自然。

花期：6~8 月 | 目科属：石竹目、石竹科、麦仙翁属 | 别名：麦毒草

紫堇

总状花序稀疏，有3~10朵花

植物形态： 一年生草本植物，植株高 20~50 厘米。茎有分枝。花枝常与叶对生，呈花葶状。基生叶有长柄，叶片呈近三角形。总状花序，花颜色为粉红色至紫红色，平展。外花瓣略宽展，顶端微凹。蒴果线形，种子呈密生环状，有小凹点。

生长习性： 紫堇喜温暖、湿润的环境，生长于海拔 400~1200 米的丘陵、沟边或多石地上。

分布区域： 分布于中国大部分地区，在山西、河南、陕西、甘肃、辽宁、北京、河北、四川、云南、贵州、湖北、江西、安徽、江苏、浙江、福建都有。除中国以外，日本也有分布。

栽培方法： 紫堇采用种子繁殖的方式。小暑、大暑节气过后，将种子均匀撒入田中，浇水 30 天左右出苗，出苗后要勤浇水，清明至谷雨时节，每亩追施尿素 10~15 千克后浇水，立夏后停止浇水。

小贴士： 紫堇具有清热解毒的功效；对金黄色葡萄球菌有显著的抑制作用；可以治疗头痛、腹痛；外用可以治疗化脓性中耳炎、蛇咬伤、脱肛、疮疡肿毒等症状。取紫堇根适量，煎水冲洗患处，可以治疗疮毒；紫堇根捣烂后外敷在患处，可以治疗秃疮。

花语： 紫堇的花语是相思、至死不渝的爱、沉默不语。

花期：4~5 月	目科属：毛茛目、罂粟科、紫堇属	别名：楚葵、蜀堇、苔菜、水卜菜

柳穿鱼

植物形态：多年生草本植物，株高 20~80 厘米。茎直立，圆柱形，灰绿色，常在上部分枝。叶多皱缩，易破碎，叶条形至条状披针形，全缘，没有毛。总状花序顶生，小花密集，花冠黄色。

生长习性：耐寒，喜欢阳光、冷凉的气候，生长在阳光充足或者半阴半阳处，排水性良好和适当湿润的沙壤土十分有利于其生长。

花冠黄色，裂片长 2 厘米，卵形

总状花序顶生，小花密集

分布区域：柳穿鱼原产自欧亚大陆北部温带区域。现分布于中国的东北、华北，以及山东、河南、江苏、陕西、甘肃等地。

栽培方法：柳穿鱼采用播种繁殖和扦插繁殖的方式。它喜欢比较干燥的环境，怕雨，要做好挡雨和排水的工作；不喜温度太高，适宜生长温度在 15~25℃。避免夏天播种，到冬天，它的适应力会增强，早春或者晚秋温度不高时，可以直接进行光照，完成光合作用，但是夏天就要注意避光，可以放在室内养殖，供观赏。

小贴士：柳穿鱼花朵状似金鱼，色彩艳丽，有很高的观赏价值。柳穿鱼还是一种油料作物。柳穿鱼有清热解毒、凉血消肿的功效；可以治疗黄疸、便秘、皮肤病和烫伤的疗效；外用可以治疗痔疮。

花语：柳穿鱼繁殖力强，有顽强的生命力，所以它的花语是顽强。

叶条形至条状披针形

茎直立，圆柱形，灰绿色

花期：6~9 月 | 目科属：唇形目、车前科、柳穿鱼属 | 别名：小金鱼草

堇菜

植物形态：多年生草本植物。根状茎，短粗，斜生或垂直；地上茎数条丛生，直立或斜升。基生叶，叶片宽心形、卵状心形或肾形。花小，白色或淡紫色，生长于茎生叶的叶腋。蒴果长圆形或椭圆形；种子卵球形，淡黄色。

生长习性：多生长于灌丛、田野、山坡草丛、杂木林缘、湿草地及住宅旁。生长温度要求相对偏低，发芽的适宜温度在 18~22℃，生长的适宜温度在 12~18℃。生长速度很快，花果期在每年 5~10 月。

分布区域：中国全国各地都有分布，主产于陕西、甘肃、江苏、安徽、吉林、辽宁、河北、浙江、江西、福建、台湾、河南、湖北、湖南、广东、广西、四川、贵州、云南等地。除中国以外，朝鲜、韩国、日本、蒙古、俄罗斯也有分布。

花生长于茎生叶的叶腋

基生叶，叶片宽心形、卵状心形或肾形

栽培方法：堇菜播种后要保持温度在 18~22℃，5~7 天陆续出苗；第一片真叶出现后，土壤适宜温度为 17~24℃；真叶长出 2 片后，开始施淡肥。迅速生长期，床播可先移植 1 次，浇水前保持盆土的适当干燥，加强通风。炼苗阶段，可移栽上盆。

花白色或淡紫色

小贴士：堇菜里含有丰富的微量元素，可以调节生物体的免疫能力。堇菜的嫩茎叶经沸水焯熟后，用清水浸泡，可凉拌或者炒食。堇菜有清热解毒的功效，可抑制大肠杆菌、金色葡萄球菌的繁殖，还可以缓解咽喉肿痛等病症。

品种鉴别：据统计，全球约有 500 种堇菜，中国约有 120 种。堇菜和紫花地丁同为堇菜属，长相相似，两者的区别在于：首先，堇菜的叶柄与叶等长或稍长，是绿色的，而紫花地丁叶柄比叶短，是淡紫色的；其次，堇菜花淡紫色，紫花地丁花紫色，略小，开花晚一些；最后，棵形上，堇菜抱团，紫花地丁较散。

花期：5~10 月　目科属：金虎尾目、堇菜科、堇菜属　别名：如意草、地丁草、箭头草、堇菜地丁

展枝沙参

植物形态：多年生草本植物。根呈胡萝卜状。茎没有毛或有疏柔毛，直立。叶早枯，基生。叶片呈狭卵形至菱状圆形或者菱状卵形，叶边缘有锐锯齿。有塔形的圆锥花序，花萼没有毛，裂片呈椭圆状披针形，花的颜色为蓝色、蓝紫色，极少近白色。

生长习性：喜温暖、凉爽、光照充足的环境，耐旱、耐寒。

分布区域：分布在中国中国黑龙江、吉林、辽宁、山西、河北、山东等地。除中国以外，朝鲜、韩国、日本、俄罗斯（远东地区）也有分布。

栽培方法：展枝沙参采用种子繁殖的方式。北方春播在4月，冬播在1月，做宽1米畦地，行距40厘米，种子均匀撒入，覆土1~1.5厘米，春播约2周后出苗，冬播第2年春季出苗。

小贴士：展枝沙参具有清热凉血的功效，它可以用于肺燥、发热等疾病；有良好的滋补功效，对晚期癌症身体虚弱的患者有调理作用；还有益气祛痰的作用，用于调理中气不足和体质虚弱，也可用于气管炎、咳嗽痰多等病症的治疗。

你知道吗？展枝沙参在播种2~3年后进行采收，在秋季挖取它的根部，将泥土全部冲洗干净，刮去外皮，切片后晒干储藏即可。

花期：7~8月	目科属：菊目、桔梗科、沙参属	别名：荠苨、裂叶沙参

黄芩

植物形态：多年生草本植物。根茎肥厚，肉质。茎基部伏地，钝四棱形，有细条纹，颜色为绿色或带紫色。叶呈披针形至线状披针形，坚纸质。茎及枝上顶生有花序，再在茎顶聚成圆锥形花序，花冠的颜色有紫色、紫红色至蓝色。

生长习性：喜欢温暖的环境，耐严寒。在山坡、路旁、荒地等干燥且向阳的地方常见，常生长在海拔 60~1300 米地区，还有一些分布在海拔 1700~2000 米地区。

分布区域：分布在中国的黑龙江、辽宁、内蒙古、河北、河南、甘肃、陕西、山西、山东、四川等地。俄罗斯、蒙古、朝鲜、韩国、日本也有。

栽培方法：黄芩采用种子繁殖、扦插繁殖以及分根繁殖的方式。采取种子直播时，幼苗长到 4 厘米高时要间去过密和瘦弱的小苗，按株距 10 厘米定苗。幼苗出土后，及时除草，一年除草 3~4 次。苗高 10~15 厘米时，追肥 1 次，可用 90% 敌百虫防治黄芩舞蛾。

小贴士：黄芩具有清热祛湿的功效，可用于发热、胸闷湿热、泻痢、黄疸等病症。

花语：黄芩的花语是诚实、信赖。

花期：7~9 月　目科属：唇形目、唇形科、黄芩属　别名：山茶根、土金茶根、黄芩茶、黄花黄芩

蓝刺头

植物形态：多年生草本植物，植株高 50~150 厘米。茎单生，基部和下部茎叶全形宽披针形，上部分枝粗壮，边缘有刺齿。茎枝顶端单生有复总状花序，小花的颜色为淡蓝色或白色或紫色，裂片呈线形，花冠管有稀疏腺点或者没有腺点。瘦果倒圆锥状。

生长习性：蓝刺头的适应力强，耐干旱、瘠薄和寒冷，忌炎热、湿涝。喜欢凉爽的气候和排水性良好的沙壤土，多生长于山坡林缘或渠边。

分布区域：分布于中国新疆天山地区。俄罗斯以及欧洲中部和南部也有。

栽培方法：蓝刺头采用根段扦插的方式繁殖。选择河沙和草炭 1∶1的基质，根段剪成2~3厘米的长度进行扦插。10 天后，插段上端分化出不定芽，20 天后，下端分化出不定根。春季 3 月可在露地进行扦插，苗生长 2 个月后，即可定植。

小贴士：蓝刺头株型优美，花朵有白色、蓝色、紫色三种颜色，非常美丽，具有较高的观赏价值，可以作切花和干花的材料。蓝刺头主要有清热解毒的作用，可以排脓、止血、消痈；对产妇有下乳的功效；还有消散瘰疬、疮毒的作用，可以作驱蛔剂。

花语：蓝刺头的花语是老天保佑。

花期：8~9 月　目科属：菊目、菊科、蓝刺头属　别名：蓝星球、漏芦

含羞草

植物形态： 多年生草本植物，植株高可达 1 米。茎有分枝，呈圆柱状，有钩刺及刺毛。托叶有刚毛，呈披针形，触摸到羽片和小叶便会闭合下垂。有圆球形的头状花序，有长总花梗，花较小，颜色为淡红色或白色，外面被有短柔毛。

生长习性： 生长于旷野荒地、灌木丛中。喜温暖、湿润，喜光线充足，略耐半阴。适生长于排水性良好、肥沃、湿润的土壤。生长迅速，适应性较强。

分布区域： 原产于热带美洲。中国主要分布于福建、广东、广西和云南等地。

栽培方法： 含羞草生长迅速，土壤要深厚、肥沃以及湿润。采用播种繁殖的方式，直播最好，可以用小盆直播或者浅盆养苗分栽。冬季室内温度在 10℃左右可安全过冬。夏季炎热干旱时，早、晚各浇一次水，出苗期每半个月施追肥 1 次。

小贴士： 含羞草有宁心安神、清热解毒的功效，可以用于吐泻、失眠、小儿疳积、目赤肿痛、脓肿、带状疱疹等病症；含羞草的根部可以止咳化痰、利湿通络，用于治疗咳嗽痰喘、风湿关节痛等病症。

花语： 含羞草的花语是害羞。如果触碰到叶片时，叶片就会立刻紧闭，像害羞的少女。

花期：3~10 月	目科属：豆目、豆科、含羞草属	别名：感应草、知羞草

附地菜

植物形态： 一年生或二年生草本植物。茎的基部多分枝，通常为多条丛生，被短糙伏毛。有莲座状的基生叶，叶片呈匙形，有叶柄。茎顶生有聚伞花序，幼时卷曲，有短花梗。花冠的颜色为粉色或者淡蓝色，呈倒卵形。

生长习性： 附地菜生长于海拔 230 ~ 4500 米的田野、路旁、荒草地或丘陵林缘、灌木林间。

分布区域： 分布在中国广西、江西、福建、新疆、西藏、云南、甘肃、内蒙古以及东北地区。还分布在欧洲东部以及亚洲的温带等其他地区。

小贴士： 附地菜全株幼嫩茎叶可以食用，味道鲜美，用沸水焯熟可以凉拌、炒食、炖汤。附地菜可以治疗痰喘、目疾翳障、鼻塞、牙痛；可以治疗湿毒胫疮、脾寒疟疾、痔疮肿痛；附地菜还有健胃、消肿止痛、止血的作用；外用可以治疗跌打损伤。

花语： 附地菜的花语是健康。

花期：5~6 月	目科属：紫草目、紫草科、附地菜属	别名：地胡椒

地榆

植物形态：多年生草本植物，植株高 30~120 厘米。根呈纺锤形，粗而壮。茎上有棱，直立。叶基生，为羽状复叶。有圆柱形、椭圆形或者卵球形的穗状花序，苞片呈披针形，萼片呈椭圆形至宽卵形，颜色为紫红色。果实包藏在宿存萼筒内。

生长习性：地榆的地下部分耐寒，地上部耐高温、多雨。地榆的生命力旺盛，不择土壤，对栽培条件要求不严格。

小贴士：春夏采集嫩苗、嫩茎叶后用沸水烫熟，用清水浸泡，可以用于炒食、做汤和腌菜；地榆叶形美观，紫红色花序生长在翠绿的叶子之间，可以作花境或栽植在花园中供人观赏。地榆根入药，具有止血凉血、清热解毒、止泻的作用；地榆还可治疗上消化道出血、溃疡出血、便血、吐血、血痢、烧灼伤、湿疹、崩漏等病症。

你知道吗？种值地榆容易遭受病虫害，主要就是白粉病和金龟子这两种危害。白粉病很多出现在春季，发现后要及时清理杂草，让地榆透气，湿度不要太高。如果发现金龟子，要使用马拉硫磷进行喷杀，减少病虫害。

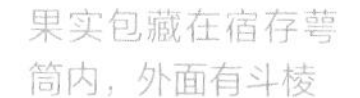

分布区域：分布在中国华东、中南、西南及黑龙江、辽宁、河北、山西和甘肃等地。广布于欧洲、亚洲的北温带。

栽培方法：地榆采用春播或秋播的方式播种。首先选择排水性良好、疏松、肥沃的土地，2 月开始春播，处暑节气前后进行秋播。播种前将地整平，浇足底水，种子均匀撒开，覆土，保持地温 18℃左右，20 天可出苗；幼苗生长 2 个月后，移栽到营养钵内。定植地块要进行深翻，按 1.5 米 ×6 米整地做畦，深度不少于 30 厘米，行株距 20 厘米 ×20 厘米，15~20 天后开始生长。

花期：7~10 月　目科属：蔷薇目、蔷薇科、地榆属　别名：黄瓜香、山地瓜、猪人参、血箭草

狼把草

植物形态：一年生草本植物。叶对生，茎直立，茎的中部和下部叶片呈卵状披针形至狭披针形，羽状分裂或深裂。顶生或者腋生有头状花序，总苞片的外层呈倒披针形，花的颜色为黄色，为两性管状花。

生长习性：喜酸性至中性土壤，也能耐盐碱，适合在低湿地生长。狼把草常常是群生的，也有单优势种纯群落，伴生种或亚优势种参与群落的组成。

分布区域：广泛分布于中国华北、华东、西南、东北及甘肃、陕西等地。在国外分布于亚洲、欧洲、非洲、大洋洲等区域。

栽培方法：狼把草种子繁殖能力强，成熟后很容易脱落，借助风力、水力向外传播。狼把草种子经过越冬，第二年发芽出苗，土壤宜酸性至中性。

茎叶裂片卵状披针形至狭披针形，边缘有锯齿

品种鉴别：狼把草和鬼针草外形较为相近，两者可以从茎、叶、花和果实进行区分。茎：鬼针草的茎是四棱形的；狼把草的茎是圆形的。叶：鬼针草枝叶对生或者互生，3 裂或者不裂；狼把草叶对生，3~5 裂。花：鬼针草有白色或者黄色的舌状花；狼把草的花是黄色的。果实：鬼针草瘦果细棒状，顶端有 3~4 个短刺；狼把草瘦果扁平，倒卵状楔形，边缘有倒刺毛，顶端有芒刺。

小贴士：狼把草粗蛋白质含量较高，粗纤维含量较低，籽有粗脂肪和丰富的粗蛋白质，可以作为牛、羊、马、骆驼的饲料。狼把草主治气管炎、扁桃体炎、痢疾、丹毒、咽喉炎、癣疮等病症；狼把草有镇静、降压的作用；还有利尿、发汗的疗效。

花期：8~10 月　目科属：菊目、菊科、鬼针草属　别名：狼耙草、鬼叉、鬼针、鬼刺、乌阶、郎耶草

瞿麦

植物形态： 多年生草本植物。茎直立，丛生，颜色为绿色，没有毛，茎的上部有分枝。叶多皱缩，对生，展平的叶片呈条形至条状披针形。花单生或者数朵聚集成疏聚伞花序，颜色有红色、白色或深浅不同的紫色、红色，有芳香。

生长习性： 忌干旱，耐寒，喜欢潮湿的环境。大多生长在海拔 400~3700 米的丘陵、草甸、林缘、沟谷溪边。

分布区域： 中国主要分布在东北、华北 、西北及山东、江苏、江西、河南、湖北、四川等地。国外分布在北欧、中欧、西伯利亚等地区，哈萨克斯坦、蒙古、朝鲜、韩国、日本也有分布。

栽培方法： 瞿麦采用种子繁殖和分株繁殖的方式。种子繁殖：8 月割下瞿麦晒干，取出种子，秋天时播种。分株繁殖：3~4 月，天气较阴凉时将瞿麦挖出，分为差不多大小的若干株，随机栽种在湿润的土壤中即可。

小贴士： 瞿麦具有观赏价值，可布置花坛、花境或岩石园，也可作盆栽或作切花。瞿麦可作为农药，有杀虫的功效。瞿麦有清热解毒的作用，可以治疗小便不畅、水肿、闭经、月经不调等病症。

花语： 瞿麦的花语是一直爱我。花语来源于很久以前，有人很思念心中暗恋的人，就会去抚摸生长在山野、河边的红瞿麦，以表达思念的感情，也希望对方可以爱上自己。

花期：6~9 月	目科属：石竹目、石竹科、石竹属	别名：野麦、石柱花、十样景花

甘露子

植物形态：多年生草本植物，植株高 30~120 厘米。根茎的颜色为白色，节有鳞叶和须根。茎基部倾斜或者直立，单一或者多分枝。叶呈椭圆状卵形或者卵形，有圆齿状锯齿。伞形花序，花为唇形，花冠的颜色为紫红色或者粉红。有黑褐色的卵球形坚果。

生长习性：甘露子喜肥沃的土壤，可以选择疏松、肥沃、排水性良好的沙壤土。保持肥力充足，保持湿润和充足的光照，不要太干旱。甘露子一般生长在温湿地或近水处，不耐高温、干旱，遇霜会枯死。一般在冬季时，地下茎可以越冬；春季温度达到8℃的时候开始萌芽，发芽时要保持温暖，但温度不要过高，甘露子生长最旺盛的温度在 20~24℃。10 月完成生长就可以采摘食用，到了 11 月地上部分就会枯死。

伞形花序，花唇形，花冠粉红色或紫红色

茎基部直立或倾斜，单一或多分枝

叶卵形或椭圆状卵形，有圆齿状锯齿

分布区域：中国大部分地区都有，主要分布在中国的辽宁、河北、陕西、甘肃、青海、四川、云南、山东、山西、河南、广西、广东、湖南、江西、江苏等地。国外主要分布在日本以及欧洲、北美等地。

栽培方法：甘露子采用播种繁殖和块茎繁殖的方式。播种繁殖：3~4 月，采用条播的方式将种子播种到土壤里，覆土压实。温度保持在 17~20℃，10 天左右出苗。块茎繁殖：选择白色粗壮的根茎，切成小段，每穴栽 2~3 段，栽种后覆土，压实并浇水。

小贴士：甘露子肥大的地下块茎常用来制作成泡菜或者酱菜食用。甘露子具有清热解毒的功能，可以防治风热感冒；治疗尿路感染的效果很好；可以补充益气、调节体质；可以缓解头晕目眩的症状。

花语：甘露子的花语是财富、神圣。

花期：7~8 月 | 目科属：唇形目、唇形科、水苏属 | 别名：宝塔菜、地蚕

铁筷子

植物形态： 多年生草本植物，有根状茎，上面密生有肉质长须根。茎上部分枝，高30~50厘米。叶有长柄，基生，叶片呈五角形或者肾形。花瓣的颜色为淡黄绿色，有短柄，呈圆筒状漏斗形。蓇葖扁，覆有横脉。种子为椭圆形。

生长习性： 耐寒，喜半阴、潮湿的环境，忌干冷。生长于山坡灌丛或水沟边。野生分布于海拔1100~3700米的山地树林或灌木丛。多生长于含砾石比较多的土壤中，土壤肥力需求为中等偏下。

分布区域： 主要分布在中国四川西北部、甘肃南部、陕西南部和湖北西北部等地区。

栽培方法： 铁筷子采用种子繁殖和分株繁殖的方式。种子繁殖：5月中旬，采收种子，准备铺设3~5厘米的腐殖土育苗地，春播种子用30~50℃温水浸泡2~3天，采用条播的方式种植，开3~5厘米浅沟，行距15~20厘米，覆腐殖质土1~2厘米，播后压实床面。分株繁殖：夏秋起苗时，剪带有1~2芽的根状茎进行栽植，翌年可正常开花。

小贴士： 铁筷子具有清热解毒、活血散瘀、消肿止痛的作用，可以治疗膀胱炎、尿道炎、疮疖肿毒、跌打损伤、劳伤等病症。

花语： 铁筷子的花语是矛盾。

花期：4月	目科属：毛茛目、毛茛科、铁筷子属	别名：黑毛七、九百棒、九龙丹、黑儿波

野西瓜苗

植物形态： 一年生草本植物，植株高25~70厘米。茎稍卧立或者直立，略微柔软。有近圆形的基部叶，中下部有掌状叶，裂片呈倒卵状长圆形，边缘有大锯齿。叶腋单生有花，花瓣的颜色为淡黄色，紫心，呈倒卵形。有长圆状球形的蒴果，被粗长硬毛，颜色为黑色。有黑色的肾形种子，有腺状突起。

生长习性： 抗旱、耐高温、耐风蚀、耐瘠薄。适合生长于湿润、肥沃的土壤中。

分布区域： 分布在中国的江苏、安徽、河北、贵州以及东北地区。中亚地区也有分布。

小贴士： 嫩茎叶洗净，沸水焯熟后，换凉水浸泡2~3小时，凉拌、做汤均可。野西瓜可以抵抗风沙、保护生态环境，在中国多风、植被稀少和沙暴严重的地区可以种植。野西瓜苗全草有清热解毒的功效；可以用于治疗急性关节炎、腰腿痛、关节肿大、肠炎、痢疾等病症；外用可以治疗烧烫伤、疮毒；种子用于治疗感冒咳嗽，效果很好。

你知道吗？ 说到野西瓜苗，很多人会联想到咱们常吃的西瓜。其实除了野西瓜苗的种子和叶片和西瓜有点相似，其实两者并没有什么关系。野西瓜苗具有很好的功效与作用，是一味中药材，并不是水果。

花期：7~9月	目科属：锦葵目、锦葵科、木槿属	别名：小秋葵

地笋

植物形态：多年生草本植物。根茎节上密生有须根，横走。茎通常不分枝，为四棱形，直立，颜色为绿色。叶呈长圆状披针形。轮伞花序没有梗，轮廓为圆球形，花萼呈钟形，花冠的颜色为白色，花盘平顶。有褐色倒卵圆状四边形的小坚果。

生长习性：喜温暖、湿润的气候，耐寒，不怕水涝，喜肥，以土层深厚、富含腐殖质的土壤或沙壤土栽培为宜。不宜在干燥、贫瘠和无灌溉条件下栽培。

分布区域：中国主要分布在黑龙江、吉林、辽宁、河北、陕西、四川、贵州和云南等地。国外分布在俄罗斯、日本等地。

栽培方法：地笋采用根茎和种子栽培的方式。根茎栽培：选择白、粗、幼嫩的根茎，切成 10~15 厘米的小段，行距 30~45 厘米，株距 15~20 厘米，每穴栽 2~3 段，覆土 5 厘米，压实后浇水。种子栽培：种子 3~4 月条播，行距 30 厘米，播后覆土，发芽率 50%~60%，土壤温度控制在 17~20℃，10 天左右出苗。

轮伞花序无梗，轮廓圆球形

叶有极短的柄或近无柄，长圆状披针形

小贴士：地笋有丰富的淀粉、蛋白质、矿物质，为人体提供丰富的能量。地笋具有调血脂、利关节、活血等功能；可以活血化瘀、行水消肿，用于月经不调、闭经、痛经、产后瘀血腹痛、水肿等病症。

病虫防治：种植地笋需要注意病虫害防治。对于锈病，可以用合成洗衣粉加上敌锈钠 200~300 倍液，喷雾防治。对于尺蠖虫害，可用 90% 敌百虫 800~1000 倍液喷雾。对于紫苏野螟虫害，可以清理残株，收获后翻耕土地，减少越冬虫源。

花期：6~9 月 | 目科属：唇形目、唇形科、地笋属 | 别名：泽兰、地古牛、银条菜、大草石蚕

金纽扣

植物形态： 一年生草本植物。茎的颜色带紫红色，被疏细毛。单叶对生，呈广卵形，有浅粗锯齿的边缘。顶生或腋生有头状花序，有深黄色的小花，花梗较细。总苞呈长卵形，花托上有鳞片；舌状花为雌性，舌片颜色为白色或者黄色。

生长习性： 生长于海拔 800~1000 米的田野沟旁、路边草丛的潮湿处。

分布区域： 主要分布在中国福建、广西、四川、云南和西藏等地。

栽培方法： 金纽扣需要栽在阳光充足的环境下，否则会出现徒长的现象。需要每天及时浇水，每个月追施 1 次有机肥，注意防治病虫害，喷洒除病虫药剂。

小贴士： 金纽扣有解毒利湿、消肿止痛的功效；可以用于疟疾、牙痛、肠炎、咳嗽、哮喘、肺结核的治疗；对跌打损伤、风湿性关节炎和腹痛也有一定疗效；外用可以治疗毒蛇咬伤、狗咬伤、痈疖肿毒等。

你知道吗？ 刚开始吃金纽扣的时候，会有强烈的辛辣味，然后嘴巴会有刺痛的感觉，最后麻痹嘴巴。这种感觉会在 20 分钟后渐渐消退。世界上除了巴西，其他国家很少用金纽扣来做菜，因为它给嘴巴造成的刺痛感让大部分人无法接受。

花期：6~8 月 | 目科属：菊目、菊科、金纽扣属 | 别名：天文草、雨伞草

大尾摇

花冠浅蓝色或近白色
穗状花序顶生或与叶对生

植物形态：一年生直立草本植物，植株高 15~50 厘米，被粗毛。茎多分枝，直立。叶互生或者对生，呈卵形至卵状矩圆形。顶生或与叶对生穗状花序，花冠的颜色为近白色或者浅蓝色，花柱顶端还有一个扁圆锥状的盘。小坚果呈卵形。

生长习性：花期在夏季，多生长于海拔 600 米以下的丘陵山坡、旷野、田边、路旁荒草地或溪沟边。

分布区域：主要分布在中国福建、广东、海南、广西和云南等地。世界上热带及亚热带地区也有广泛分布。

小贴士：大尾摇全草可入药，夏、秋采收，鲜用或者晒干保存。大尾摇有清热利尿、消肿解毒的功效；可以治疗肺炎、膀胱结石、小儿急惊风、痈肿等疾病；对妇女痛经，月经不调有一定缓解作用；对于咽喉痛、咳嗽、口腔糜烂还有一定疗效。

叶对生或互生，卵形至卵状矩圆形

药理成分：全草含印度天芥菜碱、乙酰印度天芥菜碱、印度天芥菜宁碱、凌德草碱、苏匹宁碱、天芥菜碱、毛果天芥菜碱、毛果天芥菜碱 -N- 氧化物、亥来锐碱，还含印度天芥菜碱 -N- 氧化物。另外，还含C16酯、正二十六醇、谷甾醇、豆甾醇和恰里拉甾醇。

花期：4~7 月　目科属：紫草目、紫草科、天芥菜属　别名：鱿鱼草、斑草、猫尾草、象鼻草

鬼针草

植物形态：一年生草本植物。茎高 30~100 厘米，直立，钝四棱形。茎下部叶较小，中部叶常三出，边缘有锯齿，顶生小叶较大，长椭圆形或卵状长圆形。头状花序，有长 1~6 厘米的花序梗，无舌状花，盘花筒状。黑色条形的瘦果上有棱。

生长习性：喜温暖、湿润的气候，以疏松肥沃、富含腐殖质的沙壤土栽培为宜。多生长于村旁、路边及荒地中。

分布区域：主要分布于中国华东、华中、华南、西南各省区。国外广布于亚洲和美洲的热带、亚热带地区。

栽培方法：可以从野生鬼针草中获得种子进行播种，采用直播或者条播的方式播种。直播，将种子均匀地撒在整好的土壤中，盖上腐熟的枯草即可。条播，按行距 30 厘米撒入种子，覆土。出苗 10 厘米左右，进行间苗，每株株距 15 厘米，定期除草即可。

小贴士：鬼针草用沸水烫过之后，再用清水漂洗，可以凉拌、炒食或者晒成干菜；纯天然的鬼针草可以泡茶饮用，泡饮时回甘清香，色泽清亮、橙黄。鬼针草具有清热解毒、散瘀消肿等功效；可以用来治疗肠炎、痢疾等病症；对血压具有良好的双相调节作用。

花语：鬼针草的花语是惜别。

花期：8~10 月　目科属：菊目、菊科、鬼针草属　别名：鬼钗草、三叶鬼针

杏叶沙参

植物形态：多年生草本植物。根为圆柱形。茎不分枝，高60~120 厘米。茎生叶互生，叶片卵圆形、卵形至卵状披针形，边缘有疏齿。有狭长的总状花序，花冠呈钟状，颜色为蓝紫色、蓝色或者紫色。有近卵状或者球状椭圆形的蒴果，种子呈椭圆状。

生长习性：杏叶沙参性喜疏松、肥沃的土壤，大多生长于海拔 1700 米以下的林缘、林下或草地。

总状花序狭长，有疏或稍密的短毛

茎生叶卵圆形、卵形至卵状披针形，边缘有疏齿

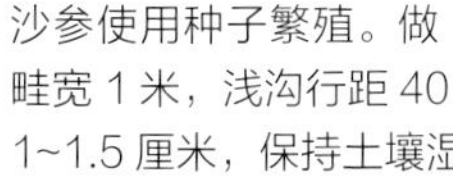

分布区域：主要分布在中国广西、江西、广东、河南、贵州、四川、山西、陕西、湖北、湖南和河北等地。

栽培方法：杏叶沙参使用种子繁殖。做畦宽 1 米，浅沟行距 40 厘米，种子均匀地撒入沟内，覆土1~1.5 厘米，保持土壤湿润。幼苗期注意进行除草，苗高 3 厘米时间苗 1 次，高 10~15 厘米时定苗。

小贴士：春、夏采摘杏叶沙参的嫩茎叶，去杂洗净，用沸水焯熟后，可凉拌、炒食、煮汤。杏叶沙参有调节血压、清肺养阴的功效；有治疗胃痛、心腹痛、结热邪气、头痛的功效；还可以补虚、止惊烦、益心肺。

品种鉴别：《本草经集注》中将沙参、人参、玄参、丹参、苦参称为“五参”。杏叶沙参种内可分为两个异域亚种。原亚种的杏叶沙参：茎叶有明显的叶柄，花萼裂片较宽，宽2~4 毫米，花盘长 1.5~2.5 毫米，大多有毛。新亚种华东杏叶沙参：茎叶无柄或有很短的柄，花萼裂片较窄，宽 1.5~2.5 毫米，花盘长 1~1.5 毫米，多数无毛。

花期：7~9 月　**目科属：**菊目、桔梗科、沙参属　**别名：**杏参、土桔梗、空沙参、长叶沙参

秋海棠

聚伞状花序，花色为粉红、红、黄或白色

植物形态：多年生草本植物。有近球形的根状茎，茎有分枝，直立。茎生叶互生，叶片的轮廓呈宽卵形至卵形，有三角形浅齿的边缘。花序为聚伞状，花的颜色为红色、黄色、粉红色或白色。

生长习性：秋海棠性喜温暖、稍阴湿的环境和湿润的土壤，不耐寒，怕干燥和积水。在pH值6.5~7.5的中性土壤中长势良好，多生长于海拔约1000米的林谷中石上。

茎生叶互生，有长柄

茎直立，有分枝

小贴士：秋海棠是观赏性花卉，观赏价值较高。秋海棠果实可以治疗吐血、衄血、咯血、月经不调、跌打损伤等病症；全草可以治疗疮毒和缓解胃痛。

花语：秋海棠的花语是相思、苦恋。

分布区域：分布在中国河北、河南、山东、陕西、四川、贵州、广西、湖南、湖北、安徽、江西、浙江和福建等地。

栽培方法：秋海棠采用分株繁殖、扦插繁殖和播种繁殖的方式。分株繁殖：将发芽的茎块切分，每块有1~2个芽，切口晾干后即可上盆种植。扦插繁殖：四季都可以进行扦插，选用长8~10厘米的嫩枝，杆插在沙盆中，保持湿润，15~20天生根。播种繁殖：早春和秋季进行播种，播种前消毒盆土，将种子均匀撒入，保持温度20℃，7~10天即可发芽。

花期：7~11月	目科属：葫芦目、秋海棠科、秋海棠属	别名：日本秋海棠、海花

抱茎苦荬菜

植物形态： 多年生草本植物。根细、圆锥状，淡黄色。茎高 30~60 厘米，上部多分枝。基部叶有短柄，倒长圆形，边缘有齿或不整齐羽状深裂，叶脉羽状。头状花序组成伞房状圆锥形花序；总花序梗纤细；舌状花多数，黄色。果实黑色，有细纵棱。

生长习性： 抱茎苦荬菜对土壤要求不高，适应性较强，为广布性植物，多生长于平原、路边、河边、山坡、荒野，常见于麦田。

分布区域： 中国各地普遍分布，主要分布于东北、华北、华东和华南地区。国外分布于朝鲜、俄罗斯（远东地区）。

品种鉴别： 抱茎苦荬菜与苦荬菜的区别是，抱茎苦荬菜开花时基部叶常不枯死，叶面常有微毛，茎生叶抱茎；苦荬菜叶基部为全叶片最宽部分，中下部叶片羽状深裂，向上则裂片变浅而成齿状或近全缘，总苞长 5~6 毫米。

栽培方法： 播种前将种子浸泡在 40~45℃的温水中，2 小时后捞出控水。7 月下旬至 8 月中旬，采用条播或撒播的方式播种。选择沙壤土地，施入发酵好的农家肥，每亩 3000 千克，翻地深 25 厘米，做宽 1.2 米的平畦。

小贴士： 抱茎苦荬菜的嫩茎叶可以作为动物饲料；嫩茎叶用沸水焯烫约 2 分钟，用清水浸泡，捞出沥干后可以凉拌或者炒食。抱茎苦荬菜具有镇静止痛的作用，可以清热解毒、消肿止痛；可以治疗头痛、牙痛、吐血、衄血、痢疾、泄泻、肠痈、痈疮、肿毒等。

花期：4~5 月 | 目科属：菊目、菊科、苦荬菜属 | 别名：抱茎小苦荬、苦碟子、抱茎苦麦菜

牛膝菊

植物形态：一年生草本植物，植株高70~80 厘米。茎上有细条纹，圆形，稍被毛，有膨大的节。单叶对生，草质，呈披针状卵圆形至披针形或卵圆形，有浅圆齿的边缘。顶生或者腋生有头状花序，有长柄，外围有少数舌状花，颜色为白色，盘花为黄色。有楔形瘦果。

外围有少数白色舌状花，盘花黄色

头状花序小，顶生或腋生，有长柄

茎圆形，有细条纹，略被毛，节膨大

生长习性：牛膝菊性喜温暖、潮湿的环境，多生长于田边、路旁、庭园空地、林下、河谷地、河边、溪边或市郊路旁。

分布区域：中国主要分布在浙江、江西、四川、贵州、云南和西藏等地。国外主要分布于热带美洲，在欧洲也有分布。

栽培方法：把牛膝菊种子撒播在平整的苗床上，盖土，再盖一层黑纱，淋透水，7~10 天出苗；苗长 4 片真叶后定植，定植时选择肥沃疏松的土壤，做宽 1.5 米的畦，行株距 30 厘米 ×25 厘米，定植后淋足水。

单叶对生，卵圆形或披针状卵圆形至披针

小贴士：牛膝菊有很高的观赏价值，它的色彩鲜艳、造型丰富，可以起到点缀、烘托的作用，可美化园林中的自然景观。嫩茎叶用沸水焯烫 3 分钟后，再用凉水浸泡，可以素炒、凉拌或者做汤。牛膝菊全草可入药，有止血、消炎的功效，对外伤出血、扁桃体炎、咽喉炎、急性黄疸型肝炎有一定的疗效。

花语：牛膝菊的花语是光彩、荣耀、辉煌。

花期：7~9 月	目科属：菊目、菊科、牛膝菊属	别名：辣子草

鳢肠

植物形态：一年生草本植物。茎平卧或者斜生，直立，通常从基部便开始分枝。叶呈披针形或者长圆状披针形，近乎没有柄，有细锯齿的边缘。头状花序，有细而长的花梗和球状钟形的总苞，舌状花白色，筒状花淡黄色。

小贴士：鳢肠可以用来做猪饲料。嫩茎叶洗净后，用开水浸烫，再用清水漂洗后可炒食或者做汤食用。鳢肠可以治疗肝肾不足、头晕目眩的病症；具有清热消肿、消炎抑菌、滋补肝肾的功效；对吐血、咯血、衄血、便血、血痢、外伤出血都有一定疗效；还具有提高免疫力、清除体内自由基的功效；还有乌发的功效，对须发早白有很好的治疗功效。

生长习性：喜潮湿环境，耐阴湿，适宜生长在潮湿、疏松、肥沃、富含腐殖质的土壤中。常见于河边、田边或路旁。

分布区域：中国全国各省区均有分布。世界热带及亚热带地区广泛分布。

栽培方法：鳢肠采用种子繁殖的方式。4月时，开条沟，行距30厘米，深2~3厘米，将种子均匀播入，覆土浇水，15天左右出苗。苗高3~5厘米时进行间苗，按株距8~10厘米定植。注意除草浇水，保持土壤湿润。

你知道吗？鳢肠的茎柔软，具有墨汁，与鳢鱼的肠子很相似。鳢鱼又称乌鳢、黑鱼、乌鱼，是一种黑色的鱼，它的肠子很细，颜色发黑，小小的鱼鳞也是乌黑的。把鳢肠的茎摘下来，过一会儿，折断处会变成黑色，故名鳢肠。

花期：6~9月　目科属：菊目、菊科、鳢肠属　别名：乌田草、旱莲草、乌心草

一年蓬

植物形态：一年生或二年生草本植物，茎上部有分枝，直立，整株被短硬毛。基部叶呈宽卵形或者长圆形，边缘有粗齿。圆锥形花序由头状花序排列而成，雌花舌状，颜色为淡天蓝色或者白色。瘦果呈披针形，被疏有柔毛。

生长习性：喜欢生长在肥沃、向阳的土地，在干燥、贫瘠的土壤中亦能生长。

分布区域：主要分布于中国新疆、内蒙古、宁夏、海南，东北、华北、华中、华东、华南及西南地区也有分布。

栽培方法：一年蓬采用种子繁殖的方式，每年都可以种植，早春或秋季种子萌发。养护时需要保证充足的光照，肥沃的土壤最好，温度保持在 16~25℃，保证通风良好和水分充足。

茎直立，上部有分枝

基部叶长圆形或宽卵形，边缘有粗齿

雌花舌状，白色或淡天蓝色

花语：一年蓬的花语是随遇而安。一年蓬生长力顽强，到哪里都能生根发芽，随遇而安。

小贴士：一年蓬成片盛开时遍布山野，是一种十分漂亮的野花，有一定的观赏价值。一年蓬有止泻、清热解毒的功效；可以治疗消化不良、胃肠炎、牙龈炎、疟疾以及毒蛇咬伤的病症；还可以帮助消化、止血、抑菌、调节血糖。

头状花序排列成圆锥形花序

花期：6~9 月 | 目科属：菊目、菊科、飞蓬属 | 别名：千层塔、野蒿

鼠曲草

植物形态：一年生草本植物。茎上部不分枝，被厚绵毛，颜色为白色，直立或基部发出的枝向下部斜升。叶没有柄，呈匙状倒披针形。顶生有头状花序，花的颜色为黄色至淡黄色；总苞球状钟形。瘦果呈倒卵状圆柱形或者倒卵形，有乳头状突起。

生长习性：鼠曲草生长在低海拔的干地或潮湿的草地上，尤以稻田里最常见。

分布区域：在中国，主要分布于华东、中南、西南等地区。国外分布在朝鲜、韩国、日本、菲律宾、印度、缅甸、泰国、越南，以及中南半岛地区。

栽培方法：栽培鼠曲草要选择疏松、湿润、有机质丰富的壤土，播种前每亩施腐熟的人畜粪 1000 千克，作宽 1.5 米、深 20~25 厘米的沟。春播从 2 月下旬至 4 月中旬，条播种量每亩 0.5~1 千克，行距 10 厘米。播种时种子与细沙混合，覆土 1 厘米，保持适宜生长温度。

小贴士：鼠曲草全草可以提取芳香油；鼠曲草幼苗或嫩株采集沸水焯烫后食用；鼠曲草和糯米一起煮饭食用，对脾胃虚弱、消化不良和肺虚咳嗽等具有一定疗效。鼠曲草可以镇咳祛痰、缓解气喘，可以用于非传染性溃疡、创伤，还有调节血压的功效；外用可以治疗跌打损伤、毒蛇咬伤。

花语：鼠曲草的花语是纯真。

花期：4~7 月　目科属：菊目、菊科、鼠曲草属　别名：清明草、绵丝青

水蓼

植物形态：一年生草本植物，植株高 20~80 厘米。茎的颜色为红紫色，直立或下部伏地，没有毛。叶互生，叶柄较短，叶片呈披针形至椭圆状披针形。顶生或腋生有穗状花序，有漏斗状苞片，疏生有小脓点和缘毛。花有细花梗，花被长圆形或者卵形，颜色为淡红色或者淡绿色，有腺状小点。有黑色卵形蒴果，扁平。5~9 月开花，6~10 月结果。

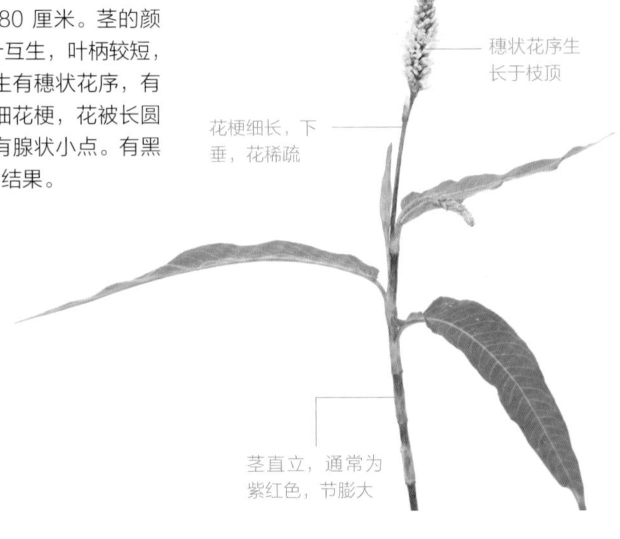

叶互生，有短柄，叶片广披针形

生长习性：水蓼生长在海拔 50~3500 米的河滩、水沟边、山谷湿地。喜好温暖、湿润、光线强的环境，不耐寒，以根茎在泥中越冬。可以适应干燥的环境，对土壤肥力要求不高，阳光充足、平整地块就可以正常生长。

品种鉴别：红水蓼和白水蓼两种植物之间有明显的区别，红水蓼叫琼柳草或者青蓼，白水蓼叫假长尾蓼或者山蓼；红水蓼的茎为紫红色，白水蓼的茎为绿色；红水蓼花穗比较长，花朵稀疏，开出的花为白色或淡红色，白水蓼的花穗比较短，花朵紧密，略有些下垂，开出的花多为淡粉色或白色。

花被白色，散布绿色腺点，上部呈红色

花期：5~9 月　目科属：石竹目、蓼科、蓼属　别名：辣蓼、蔷、虞蓼、蔷蓼、蔷虞、泽蓼

分布区域： 分布于中国大部分地区。朝鲜、日本、印度尼西亚、印度，以及欧洲和北美也有分布。

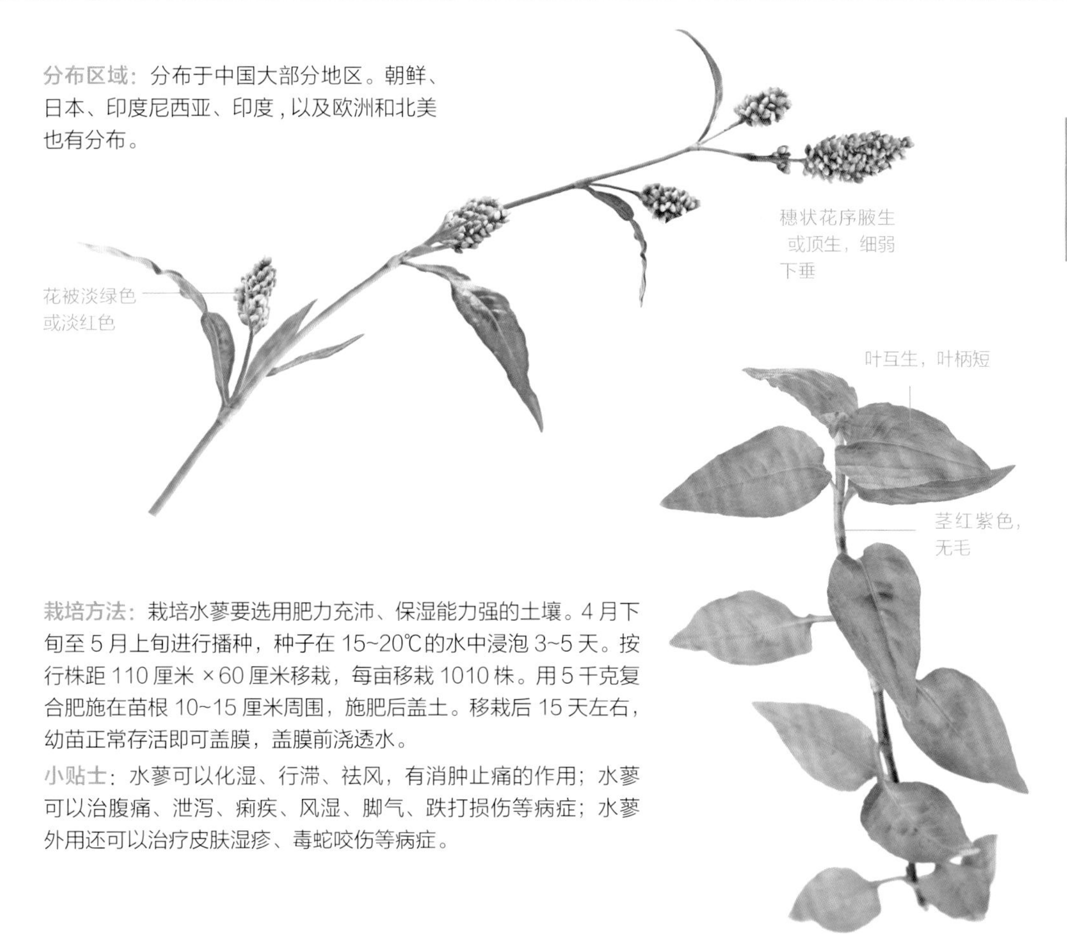

栽培方法： 栽培水蓼要选用肥力充沛、保湿能力强的土壤。4 月下旬至 5 月上旬进行播种，种子在 15~20℃的水中浸泡 3~5 天。按行株距 110 厘米 ×60 厘米移栽，每亩移栽 1010 株。用 5 千克复合肥施在苗根 10~15 厘米周围，施肥后盖土。移栽后 15 天左右，幼苗正常存活即可盖膜，盖膜前浇透水。

小贴士： 水蓼可以化湿、行滞、祛风，有消肿止痛的作用；水蓼可以治腹痛、泄泻、痢疾、风湿、脚气、跌打损伤等病症；水蓼外用还可以治疗皮肤湿疹、毒蛇咬伤等病症。

你知道吗？ 水蓼是一种蔬菜，水蓼的嫩芽焯水后可以炒食或者凉拌，味道鲜美；使用水蓼炖肉，可以消除肉的油腻。水蓼是一种天然的酒曲，可以用来酿酒。水蓼又是一种香料，切碎后作为调味品，可以去除掉肉食的腥味，还会有特别的清香；夏天蚊虫较多的时候，就地点燃水蓼，可以驱赶蚊虫。水蓼对鱼有麻醉作用，可以用来捕鱼。

天仙子

植物形态：一年生或二年生草本植物，被柔毛和黏性腺毛。茎的上部有分枝。丛生的基生叶，呈莲座状。茎生叶互生，叶片呈长圆形，边缘羽裂。叶腋有单生花，筒状钟形花萼和漏斗状花冠，花冠的颜色为黄绿色。

生长习性：不耐严寒，喜欢阳光充足和湿润、温暖的气候。适合栽培在排水性良好、肥沃疏松、土层深厚的中性和碱性土壤中，常见于宅边的荒地上。

分布区域：中国各地都有分布，主要分布在黑龙江、吉林、辽宁、河北、河南、浙江、江西、山东、江苏、山西、陕西、甘肃、内蒙古、青海、新疆、宁夏、西藏等地。

花单生长于叶腋或于茎顶集聚成蝎尾式总状花序

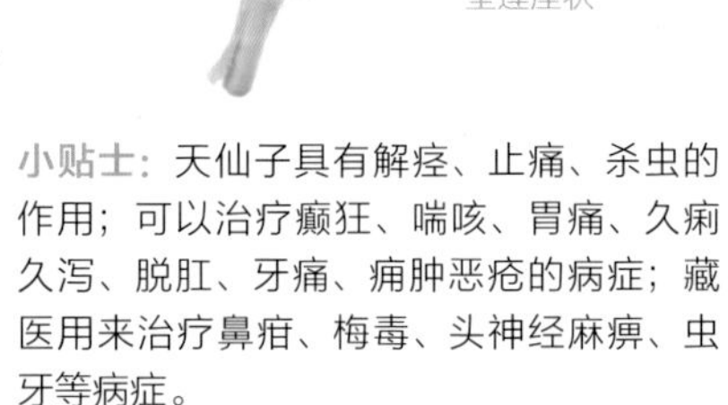

基生叶丛生，呈莲座状

茎生叶，叶互生，叶片长圆形

小贴士：天仙子具有解痉、止痛、杀虫的作用；可以治疗癫狂、喘咳、胃痛、久痢久泻、脱肛、牙痛、痈肿恶疮的病症；藏医用来治疗鼻疳、梅毒、头神经麻痹、虫牙等病症。

花语：天仙子的花语是邪恶的心，有邪恶的心、人心叵测、笑里藏刀、最毒不过人心等寓意。天仙子花外表美丽，但中心是黑褐色的，因此被赋予较为阴暗的花语含义。

栽培方法：播种天仙子可以采用直播、条播和穴播。直播：北方播种时间为3月至4月中旬，长江流域秋播或春播。条播：按行距30~40厘米开浅沟，将种子均匀撒入，覆土。穴播：穴距30厘米×30厘米或40厘米×40厘米，每穴播种10颗左右，温度保持在18~23℃，播后10天左右出苗，苗齐后进行间苗，每穴留1株。

花冠漏斗状，黄绿色，有紫色脉纹

花期：6~7月	目科属：茄目、茄科、天仙子属	别名：莨菪、牙痛草

假酸浆

植物形态： 一年生草本植物，植株高 50~80 厘米。有长锥形主根，茎上有纵沟，呈棱状圆柱形，颜色为绿色。单叶互生，草质，有不规则的皱波状锯齿边缘。叶腋有单生花，颜色为淡紫色；花冠呈漏斗状。有球形蒴果和淡褐色的小种子。

生长习性： 性喜高温，培育的土质以沙壤土为佳，需排水性良好的透气土壤。假酸浆在春季开花，需要良好的日照，多生长于田边、荒地、屋园周围、篱笆边等地。

分布区域： 原产于秘鲁。中国分布在云南、广西、贵州等地。

蒴果球形

种子小，淡褐色

栽培方法： 假酸浆春、秋季均适合播种，以春季为佳，采用播种法，选择排水性良好的沙壤土，发芽适温 20~25℃。一般在苗高 15~20 厘米时摘心，可以促使它多分侧枝。

小贴士： 假酸浆是制作冰粉的原料。假酸浆经过干燥处理后，是一种久藏不掉的花，可以作为插花的高级材料；假酸浆也很适合在园林和盆栽里面种植，具有一定观赏价值。假酸浆全草具有镇静祛痰、清热解毒、止咳的功效；可以治疗精神病、狂犬病、感冒、风湿痛、疥癣等症；种子具有利尿祛风、消炎等功效；花朵有祛风、消炎的作用，主要用于治疗鼻窦炎。

花语： 假酸浆的花语是倔强、坚强。

花期：夏季　目科属：茄目、茄科、假酸浆属　别名：水晶凉粉、蓝花天仙子、冰粉

大叶碎米荠

植物形态：多年生草本植物，植株高 30~100 厘米。有匍匐延伸的根状茎，密被纤维状须根。茎圆柱形，直立。小叶卵状披针形或者椭圆形，有锯齿边缘。总状花序，花瓣的颜色为紫红色、淡紫色，白色较少。

生长习性：对土壤要求不严，多生长于海拔 1600~4200 米的山坡灌木林下、石隙、沟边和高山草坡，水湿处都有生长。5~6 月开花，7~8 月结果。

分布区域：中国主要分布在内蒙古、河北、山西、湖北、陕西、甘肃、青海、四川、贵州、云南和西藏等地。俄罗斯(远东地区)、日本和印度也有。

栽培方法：4~8 月将植物茎和叶切取部分作外植体，放入人工培养瓶中培养，在适当光照和营养物质等条件下培养，发育成一株完整的菜苗。林下腐殖土、腐熟农家肥、饼肥比例按 50 ：10 ：1 混合成营养土，装入营养钵中，按行株距 100 厘米 ×40 厘米带苗栽植。

小贴士：大叶碎米荠是一种漂亮的具有观赏价值的植物。嫩苗是可以食用的，可炒食、凉拌或者炖汤；大叶碎米荠也可以作为良好的饲料。大叶碎米荠全草入药用，有止血、止痛、利小便的功效。

你知道吗？不同海拔高度对大叶碎米荠的营养成分是有所影响的。研究结果表明，在海拔 1500 米左右，大叶碎米荠的营养价值最高。大叶碎米荠的光合速率随着海拔升高呈现下降趋势，海拔越高，植物的生长高度越低。

花期：5~6 月　目科属：十字花目、十字花科、碎米荠属　别名：石格菜

女娄菜

植物形态：一年生或二年生草本植物，整株密被短柔毛，颜色为灰色。茎直立，叶呈狭匙形或者倒披针形，基生。花梗直立，花瓣的颜色为淡红色或者白色，倒卵形。有卵形蒴果和圆肾形灰褐色种子。

生长习性：对土壤要求不严，多生长于海拔 3800 米以下的平原、丘陵、山地、山坡草地或旷野及路旁的草丛中。

分布区域：中国各地均有分布。朝鲜、日本、蒙古和俄罗斯（西伯利亚和远东地区）也有。

小贴士：女娄菜嫩苗用热水焯熟后换清水浸洗、捞出，加油、盐调拌食用，也可以炒食。女娄菜有活血调经、催乳、利尿、健脾的疗效；可以治疗月经不调、小儿疳积等病症；也可以治疗咽喉肿痛、中耳炎、痈肿等病症。

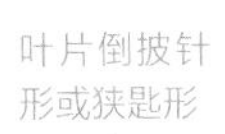

药理成分：女娄菜化学主要成分为皂苷，如王不留皂苷、王不留次皂苷、石竹苷 C、石头花皂苷元、肥皂草苷、肥皂草素。此外，还含有挥发油，如丁香酚、苯乙醇、苯甲酸苄酯、水杨酸苄酯、水杨酸甲酯，以及多种维生素、氨基酸、糖类和少量生物碱。

你知道吗？女娄菜是一种雌雄异株的植物。雌雄异株指的是在单性花的种子里，雌花和雄花生长在不同的株体。如果植株只有雌花，那就是雌株；如果只有雄花，那就是雄株。

花期：5~7 月　目科属：石竹目、石竹科、蝇子草属　别名：罐罐花、对叶菜、大叶金石榴、土地榆

青葙

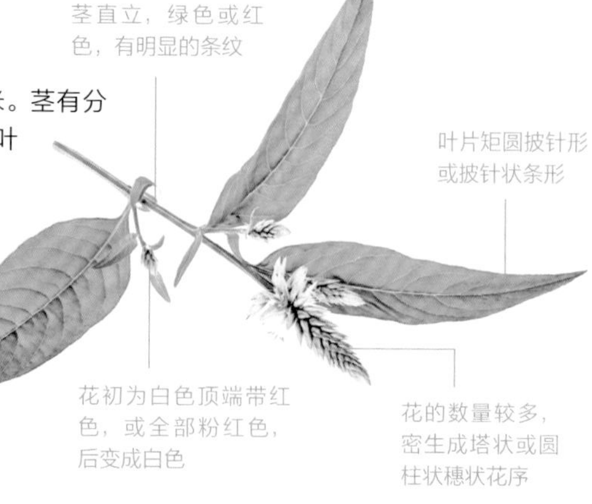

植物形态：一年生草本植物，植株高 30~100 厘米。茎有分枝，直立，颜色为红色或者绿色，有明显的条纹。叶片呈披针状条形或者矩圆披针形。花密生成圆柱状或者塔状穗状花序，数量较多，花被片呈矩圆状披针形，初为全部粉红色或者白带红色，后变成白色。

生长习性：喜温暖，耐热不耐寒，忌积水。抗寒力和耐旱力佳，喜生长于石灰性土壤和肥沃的土壤，在肥沃、排水性良好的沙壤土中栽培为宜。在黏壤土中也能生长，但生长速度缓慢。在低洼积水的地方容易烂根。多生长于平原或山坡，生长海拔可高达 1100 米。

栽培方法：青葙采用种子繁殖的方式。3~4 月春播，开畦 1.3 米，种子在 20~30℃环境中发芽良好。条播：行距 30 厘米，将种子均匀撒在沟内，覆土 0.5 厘米。穴播：行株距约 25 厘米 ×25 厘米，深 5~6 厘米，施人畜粪水，拌少量火灰作种子灰，撒在穴里，盖上一层火灰。

小贴士：青葙可作切花材料。青葙嫩茎叶用沸水焯熟后，再用清水洗净，可以炒食或者凉拌。青葙有清肝、明目、退翳的功效，适用于肝热目赤、眼生翳膜、视物昏花、肝火眩晕等病症。

花语：青葙的花语是真挚的爱情。

分布区域：主要分布在中国陕西、江苏、安徽、上海、浙江、江西、福建、湖北和湖南等地。国外分布在朝鲜、日本、俄罗斯、菲律宾，以及非洲地区。

花期：5~8 月 | 目科属：石竹目、苋科、青葙属 | 别名：百日红

牛繁缕

植物形态：多年生草本植物，整株光滑。茎柔弱，直立，多分枝，大多伏生于地面。叶呈宽卵形或者卵形，顶端逐渐变尖，基部呈心形，波状或者全缘，上部的叶没有柄，而下部的叶有柄。花梗细而长，枝端或叶腋生有花，花瓣颜色为白色。蒴果呈卵形，种子近圆形，颜色为褐色。

茎直立，细长

分布区域：中国南北各省均有分布。

栽培方法：牛繁缕繁殖很容易，靠种子繁殖，播种前选择土壤肥沃、光照较好的环境，播种按行距 30 厘米，覆土 1 厘米，盖上草帘并浇透水，保持畦土湿润，等待出苗后揭去草帘即可。

小贴士：牛繁缕全草可做野菜和饲料；嫩茎叶用热水焯熟，换清水浸洗干净，加入油、盐调拌，也可以炒食。牛繁缕可以清热解毒、活血消肿；内服可以祛风解毒，还可以治疗肺炎、痢疾、月经不调等病症；外敷治疗痈疽、痔疮、牙痛。

花语：牛繁缕的花语是雄辩。牛繁缕花是供奉给 13 世纪西班牙最著名的雄辩家——多明尼哥教会的传教士倍罗德孔沙斯的，因此它的花语是雄辩。

生长习性：牛繁缕喜潮湿的环境，生长于荒地、路旁及较阴湿的草地。在黑夜的时候生长速度最快，温度达到 5~25℃时发芽，温度达到 15~20℃时长势良好，土壤含水量 20%~30% 时生长最为适宜，含水量较高甚至浸入水中时也能发芽。

花期：4~5 月　目科属：石竹目、石竹科、繁缕属　别名：鹅肠菜、抽筋草、伸筋藤

肥皂草

植物形态：多年生草本植物，植株高 30~70 厘米。根茎细且有较多分枝。茎上部分枝或者不分枝。叶片呈椭圆状披针形或者椭圆形。有聚伞圆锥形花序，苞片呈披针形，花瓣的颜色为淡红色或者白色，呈楔状倒卵形。蒴果长圆状卵形。

生长习性：喜光、耐半阴，既耐寒，也耐旱，忌水涝，喜欢温暖、湿润的气候。有较强的适应性，生长强健，易繁殖，对土壤和环境没有严格的要求。耐修剪，栽培管理粗放，在干燥地及湿地上均可正常生长。

分布区域：地中海沿岸均有野生，在中国的大连、青岛等城市也常有野生肥皂草。

小贴士：肥皂草含有大量皂苷，具有去污能力。肥皂草可作为屋顶绿化的优良植物，也可用于园林的布置，具有一定的观赏价值。肥皂草根可入药，有祛痰止咳、消炎、利尿的作用；还可以治疗水肿、小便不利等病症。

花语：肥皂草的花语是净化。

栽培方法：肥皂草采用扦插繁殖、播种繁殖和分株繁殖的方式。扦插繁殖：6 月上旬进行扦插，选择生长旺盛当年生嫩枝，截成 10 厘米长，每根有 3~4 个芽，上部保留 1~2 片叶子，切口要平滑，行株距 1.5 厘米 ×1 厘米、深 3 厘米左右插入基质中。播种繁殖：春季和秋季进行播种，种子均匀播撒，每平方米播撒种子 2~3 克；覆土，苗高 5~10 厘米时，按株距 13~16 厘米定植。分株繁殖：重瓣品种进行分株繁殖，春、秋季进行。植株连根挖出，按株丛大小分 3~5 枝条为 1 丛，3~5 丛为 1 株，根部用刀劈开后繁殖。

花期：6~9 月　目科属：石竹目、石竹科、肥皂草属　别名：石碱花

土丁桂

植物形态： 多年生草本植物。有细而长的茎，上升或者平卧，还有贴生柔毛。单叶互生，叶片呈椭圆形、长圆形或匙形，叶柄很短或者近乎没有柄。有聚伞花序和丝状总花梗，花冠呈辐状，颜色为白色或者蓝色。

生长习性： 对土壤要求不严，多生长在海拔 300~1800 米的地区，灌丛、草坡和路边都可见其身影。

分布区域： 中国长江以南各省区均有分布，主要在广西、广东、福建等地。在热带东非洲、中南半岛，以及菲律宾、印度、马达加斯加均有分布。

小贴士： 土丁桂可作香料，用于炖鸡、炖鸭或者炖排骨食用。土丁桂全草可入药，有清热、散瘀、止痛的功能；对泌尿系感染、血尿、蛇咬伤、眼膜炎、腰腿痛、痢疾、头晕目眩等也有一定疗效；土丁桂还有保护肝脏和轻度降压的作用；土丁桂也可以健胃、止血、消肿、清肝热、退翳。

药理成分： 土丁桂的全草含黄酮苷、酚类酸、糖类、三十五烷、三十烷、β - 谷甾醇、甜菜碱。

花语： 土丁桂的花语是坚毅。

花期：5~9月 | 目科属：茄目、旋花科、土丁桂属 | 别名：毛辣花

延胡索

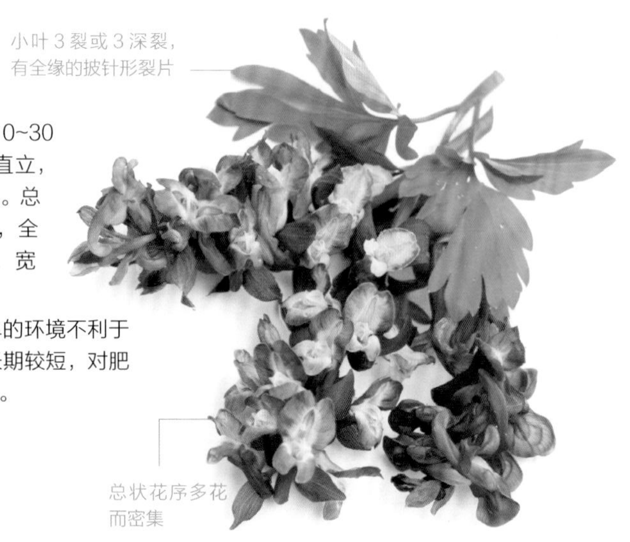

植物形态：多年生草本植物，植株高 10~30 厘米。有圆球形的块茎，茎常分枝，直立，鳞片和下部茎生出的叶子通常腋生块茎。总状花序，苞片呈狭卵圆形或者披针形，全缘，花的颜色为紫红色，外花瓣有齿，宽展，顶端短而尖。

生长习性：耐寒冷，大风、强光和干旱的环境不利于其生长。喜欢湿润、温暖的气候，生长期较短，对肥料有较高的要求。多生长于丘陵、草地。

分布区域：分布在中国安徽、江苏、浙江、湖北和河南等地。

栽培方法：栽培延胡索要选择排水性好、富有腐殖质的土壤，9 月下旬至 10 月上旬播种，采用条播，做行距 8~10 厘米、深 5 厘米浅沟，宽 6 厘米，株距 5~6 厘米，将种茎 2 行错开排列于沟内，栽后施肥盖土，播种量为每百米 800~1000 千克。注意清除杂草，少施苗肥。

小贴士：延胡索有活血散瘀、理气止痛的效果；可以治疗月经不调、症瘕、产后血晕、恶露不尽以及跌打损伤等病症；还可以活血、行气、止痛、通小便。

花紫红色，外花瓣宽展，有齿，顶端微凹而尖

花语：延胡索的花语是幻想。延胡索别称“大地之雾”，因为它很茂密，看起来就像平地升起的雾一样。

花期：3~4 月　目科属：毛莨目、罂粟科、紫堇属　别名：元胡、大地之雾

金钱草

植物形态：多年生草本植物。茎平卧向外延伸，柔弱。叶呈卵圆形至肾圆形，对生。叶腋单生有花，花梗长 1~5 厘米，花较多，花冠的颜色为黄色，檐部裂片狭卵形至近披针形。

生长习性：不耐寒，喜欢湿润、阴凉、温暖的环境，适合栽培在有较多腐殖质和疏松、肥沃的沙壤中。在山坡和路旁较为阴湿的地方均有生长。

分布区域：中国各地均有分布。主产于云南、四川、贵州、陕西、河南、湖北、湖南、广西、广东、江西、安徽、江苏、浙江、福建等地。

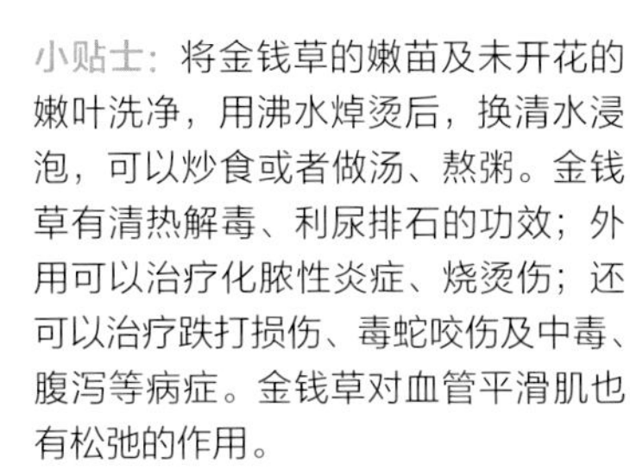

小贴士：将金钱草的嫩苗及未开花的嫩叶洗净，用沸水焯烫后，换清水浸泡，可以炒食或者做汤、熬粥。金钱草有清热解毒、利尿排石的功效；外用可以治疗化脓性炎症、烧烫伤；还可以治疗跌打损伤、毒蛇咬伤及中毒、腹泻等病症。金钱草对血管平滑肌也有松弛的作用。

花语：金钱草的花语是温暖。

栽培方法：金钱草采用种子繁殖和扦插繁殖的方式。3~4 月，将匍茎每 3~4 节剪成一段作插条，在整好的畦面上，开一条浅沟进行条栽，深 6~8 厘米，每畦种 2 行，按株距 10 厘米扦插，栽后盖薄土并浇定根水。

花期：5~7 月 | 目科属：报春花目、报春花科、珍珠菜属 | 别名：过路黄、走游草、铺地莲、对坐草

香薷

植物形态： 多年生直立草本植物，中部以上的茎通常都有分枝，有较为密集的须根，为钝四棱形。叶呈椭圆状披针形或者卵形。有穗状花序顶生和纤细花梗，花萼呈钟形，花冠的颜色为淡紫色，而花药的颜色为紫黑色。

生长习性： 不耐湿，喜欢温暖的环境。对土壤没有严格的要求，在树林内、山坡、路旁和河岸都可生长，在海拔 3400 米处生长旺盛。

分布区域： 遍布中国各地。国外分布在俄罗斯、蒙古、朝鲜、日本、印度以及中南半岛、欧洲和北美洲。

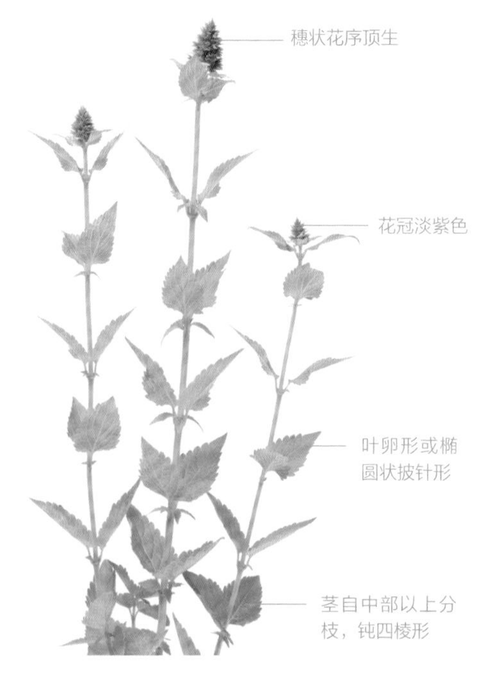

栽培方法： 香薷栽培时怕旱，不宜重茬，翻地前施入农家肥。播种有直播和育苗两种方法，播种方式可以采用条播或者撒播。春季播种在终霜结束前 6~8 天，每 10~15 天播种一批，要保证土壤的湿度，覆土需浅。苗出齐后间苗，株距 2~5 厘米。

小贴士： 嫩茎叶用沸水焯烫后，用清水漂净，可以炒食或者凉拌；香薷可以用来做香薷茶饮用，具有一定的保健功效。香薷可以发汗化湿、解暑，还能开宣肺气、利水消肿、刺激胃肠蠕动；可以治疗急性肠胃炎、腹痛吐泻、头痛发热、恶寒无汗等病症；对霍乱、水肿、鼻衄、口臭等病症也有疗效。

病虫防治： 香薷主要的病害为根腐病，根腐病会导致植物根部萎缩，变黄枯死。可以用 60 度白酒擦洗根部后重新栽植。常见的虫害为小地老虎，小地老虎会咬断嫩茎，使幼苗萎蔫死亡。可以采用杀虫剂喷洒的方式进行防治，也可以进行诱杀。

花期：7~10 月	目科属：唇形目、唇形科、香薷属	别名：香茹、香草

百日菊

植物形态：一年生草本植物，植株高 30~100 厘米。叶宽，呈卵圆形或长圆状椭圆形，底部稍心形抱茎，两面粗糙。头状花序，单生于枝端，总苞宽钟状，苞片多层。舌状花有深红色、玫瑰色、紫堇色或者白色；管状花有黄色或橙色。雌花瘦果倒卵圆形，管状花瘦果倒卵状楔形。品种丰富，有单瓣、重瓣、卷叶、皱叶等。

分布区域：原产地在墨西哥。中国各地都有栽培，云南、四川广布。

生长习性：喜温暖和阳光，不耐寒，耐干旱，耐瘠薄，忌连作。肥沃土壤中适宜生长。

栽培方法：百日菊使用种子和扦插两种栽培方式。种子栽培：播种前，先将土壤和种子进行消毒，4月上旬至 6 月下旬播种，播种后要覆盖一层蛭石，温度 21~23℃时，3~5 天发芽。扦插：选择长 10 厘米的侧芽进行扦插，5~7 天生根，30~45 天可以出圃。最后要注意白星病、黑斑病、花叶病的病虫害防治。

小贴士：百日菊花大，颜色艳丽，很美观，可以用于花坛、花境、花带的装饰，也可以作盆栽观赏。百日菊全草入药用，可以治疗发热、口腔炎、痢疾、淋症、乳痈等病症。

花语：不同颜色的百日菊有着不同的花语。洋红色百日菊的花语是持续的爱；混色百日菊的花语是纪念一个不在的友人；绯红色百日菊的花语是恒久不变；白色百日菊的花语是善良；黄色百日菊的花语是每日的问候。

花期：6~10 月　目科属：菊目、菊科、百日菊属　别名：百日草、步步高、火球花、步步登高、不等高

虞美人

植物形态：一年生草本植物，植株高 25~90 厘米。叶互生，披针形或狭卵形。花单生在茎和分枝的顶端，花梗长 10~15 厘米。花蕾长圆状倒卵形，下垂。雄蕊较多，花丝呈丝状，深紫红色。子房呈倒卵形，无毛，连合成扁平、边缘圆齿状的盘状体。蒴果宽倒卵形，无毛；种子多数是肾状长圆形。

花瓣圆形、宽椭圆形或宽倒卵形

花丝深紫红色；花药黄色，长圆形

栽培方法：虞美人采用播种繁殖的方式。春、秋季节进行播种，3~4 月春播，9~11 月秋播。将土壤整细，做畦，浇透水，采用撒播或条播。覆土厚度为 0.2~0.3 厘米。幼苗有 5~6 片叶子时，进行间苗，行株距 30 厘米 × 30 厘米。

小贴士：虞美人的花朵美观，多彩丰富，可以用于花坛、花境的布置，也可作盆栽和切花材料。全草有镇痛、止咳、止泻的功效，用于治疗痢疾、咳嗽、腹痛等病症。

花语：不同颜色的虞美人有着不同的花语。白色虞美人的花语是安慰；粉色虞美人的花语是顺从。在古代，虞美人寓意为生离死别。

分布区域：原产地在墨西哥。中国各地都有栽培，云南、四川广布。

生长习性：耐寒，怕热，喜阳光充足的环境。排水性良好、肥沃的沙壤土适合其生长。不耐移栽，忌连作和积水。高海拔山区生长良好，适宜温度在 5~25℃。

花单生于茎或分枝的顶端

花期：3~8 月　目科属：毛莨目、罂粟科、罂粟属　别名：丽春花、赛牡丹、满园春

石斛

植物形态：多年生草本植物。茎直立，肉质，肥厚，呈稍扁的圆柱形，长 10~60 厘米，具多节。叶革质，长圆形；总状花序从具叶或落了叶的老茎中部以上部分发出；花大，先端白色带淡紫色，有时全体淡紫红色，或除唇盘上有一个紫红色斑块外，其余均为白色。花期 5~6 月，果期 7~8 月。

生长习性：喜在温暖、潮湿、半阴半阳的环境，多野生长于亚热带深山老林中，对土肥要求不甚严格。野生多生长在海拔 480~1700 米、疏松且厚的树皮或树干上，有的也生长在石缝中或山谷岩石上。

分布区域：分布于印度、尼泊尔、锡金、不丹、缅甸、泰国、老挝、越南等国家。在中国，分布于台湾、香港、海南、广西、四川、贵州、云南、西藏、湖北等地。

小贴士：石斛具有独特的“斛”状花形以及斑斓多变的色彩，具有较高的观赏价值。石斛含有生物碱类、多糖类、黄酮类、酚类等多种化学成分，其中生物碱为其主要药理活性成分，具有调节血糖、改善记忆力、保护神经等药理作用。石斛具有滋阴生津、健脾益胃、清热解毒、明目利肝的功效。用石斛加适量清水煎汁，代茶饮用，有生津养胃、帮助消化的功效。

栽培方法：石斛主要采用分株繁殖法。选择健壮、无病虫害的石斛，以二年生新茎作繁殖用。剪去过长老根，留 2~3 厘米，将种蔸分开，进行培育，可采取贴石法和贴树法。贴石：在选好的石块上，按 30 厘米的株距凿出凹穴，用牛粪拌稀泥涂一薄层，于种蔸处塞入石穴或石槽，力求稳固，不使脱落即可，可塞小石块固定。贴树：在选好的树上，按 30~40 厘米在树上砍去一部分树皮，将种蔸涂一薄层牛粪与泥浆混合物，然后塞入破皮处或树纵裂沟处，贴紧树皮，再覆一层稻草，用竹篾捆好。

花语：石斛的花语是吉祥、祝福、纯洁、欢迎、幸福。石斛兰具有秉性刚强、祥和可亲的气质，代表着一种坚毅与勇敢的品格。黄色的石斛兰是常在父亲节或者父亲生日时赠送给父亲的花，寓意父亲的刚毅、亲切和威严，表达对父亲的敬意。

花期：5~6 月 | 目科属：天门冬目、兰科、石斛属 | 别名：金钗石斛、仙斛兰韵、不死草、还魂草、禁生

天竺葵

植物形态： 多年生草本，高 30~60 厘米。茎直立，基部木质化，上部肉质，多分枝或不分枝，具明显的节。叶片圆形或肾形，边缘有波状浅裂，具圆齿，表面叶缘以内有暗红色马蹄形环纹。伞形花序腋生，多花，芽期下垂，花期直立；花瓣红色、橙红、粉红或白色，宽倒卵形。蒴果长约3厘米，被柔毛。花期5~7月，果期 6~9 月。

分布区域： 原产于非洲南部，现世界各地普遍栽培。在中国各地广泛栽植。

生长习性： 天竺葵性喜冬暖夏凉，冬季室内温度保持在 10~15℃，夜间温度在 8℃以上，即能正常开花。最适宜的生长温度为 15~20℃。天竺葵喜燥恶湿，冬季浇水不宜过多。天竺葵生长期需要充足的阳光，因此冬季需将其放在向阳处。天竺葵不喜大肥，肥料过多会使其生长过旺，不利于开花。

栽培方法： 天竺葵在夏天的时候要防止阳光的暴晒，需将其放在阴凉的地方。在冬季的时候需增加保暖设备，防止冻伤。天竺葵忌浇水过多，否则会导致根部溃烂。在土壤中掺一些沙土，更有利于天竺葵的生长。充足的阳光有助于天竺葵开花，但温度过高时不宜阳光直射。在春、秋季节多晒阳光，在夏季避免直晒，控制光照时长。

小贴士： 天竺葵适应性强，花色鲜艳，花期较长，适于在室内摆放，也适于花坛、花境等的布置。天竺葵具有刺激淋巴系统和利尿的功能，可以帮助身体迅速且有效地排出过多的体液，缓解水肿，预防尿路感染。天竺葵能减轻肠胃的不适。天竺葵精油能够有效地杀灭口腔和喉咙的细菌。天竺葵还是一种芳香的驱虫剂。

花语： 天竺葵的花语是偶然的相遇、幸福就在你身边。

花期：5~7 月 | 目科属：牻牛儿苗目、牻 牛儿苗科、天竺葵属 | 别名：洋葵、洋绣球、石腊红、驱蚊草

第二章

藤本植物

藤本植物，又名攀缘植物，是指茎部细长，不能直立，只能依附在其他物体上或匍匐于地面上生长的一类植物，如葡萄。藤本植物是造园中常用的植物，人们利用攀缘植物进行垂直绿化，拓展绿化空间，从而增加城市绿量，提高整体绿化水平，改善生态环境。

牵牛花

花冠漏斗状

植物形态：一年生缠绕草本植物，叶片呈近圆形或者宽卵形，3深裂或浅裂，叶面被微硬的柔毛，茎上有倒向的长硬毛和短柔毛。花腋生，漏斗状的花冠，颜色为紫红或蓝紫色，花冠管的颜色较淡。有近球形的蒴果和卵状三棱形的种子，颜色为黑褐色或者米黄色，被褐色短茸毛。

生长习性：喜欢光照充足、通风良好的温暖环境。对土壤有很好的适应性，不怕酷暑高温，耐干旱和盐碱。多生长于海拔 100~200 米的山坡灌丛、干燥的河谷路边、园边宅旁、山地路边等。

分布区域：中国各地都有分布。本种原产热带美洲，现已广植于热带和亚热带地区。

栽培方法：牵牛花采用播种繁殖和压条繁殖的方式。播种繁殖：牵牛花种子播前先割破种皮或浸种 24 小时，出芽后播种。采用点播法，每次播 3~5 颗，出苗后间苗。定植前 5~7 天降温炼苗，终霜后定植露地。压条繁殖：将藤蔓节芽处压入土中，发根后剪下，栽植即可。

茎枝柔软，多匍匐贴地或缠绕他物

小贴士：牵牛花是常见的野花之一，生命力旺盛，可用来美化棚架、墙垣，具有较高的观赏价值。种子为常用中药，有泻水利尿、逐痰、杀虫的功效，可用于腹水、腹胀便秘、蛔虫症等。

花语：牵牛花的花语是名誉和爱情永固。

种子卵状三棱形，黑褐色或米黄色

花期：6~11 月 | 目科属：茄目、旋花科、虎掌藤属 | 别名：朝颜花、喇叭花、筋角拉子、大牵牛花

紫藤

植物形态： 落叶攀缘藤本植物，茎右旋，有粗壮的枝，嫩枝被白色柔毛。小叶对生，卵状椭圆形至卵状披针形，互生，奇数羽状复叶，有长柄。总状花序发自顶芽或者腋芽，花序轴被白色柔毛，有披针形苞片、杯状花萼，花冠的颜色为紫色；荚果呈倒披针形，种子的颜色为褐色，扁平。主根深、侧根少，生长快，寿命长，可年年开花。

生长习性： 喜光，较耐寒，耐湿，耐瘠，耐阴。夏季高温时生长旺盛。喜深厚肥沃、排水性良好的疏松土壤。

分布区域： 主要分布在中国的河北、河南、山西和山东等地。国外分布在朝鲜、日本等地。

栽培方法： 紫藤采用播种繁殖的方法。春季播种，11 月种子成熟后将外皮去掉，浸泡温水后，取出催芽。种子播撒在土上，覆薄土。播种后注意浇水、施肥；种子萌发后，搭建支架诱导其攀缘。

小贴士： 紫藤花在洗净后可以凉拌或者炒食，也可以作天然食品添加剂；紫藤花还可以提炼芳香油使用。紫藤花有解毒、止吐泻等功效；可以治疗筋骨痛、痹痛、蛲虫病等。

花语： 紫藤的花语是深深的思念、执着的爱。

花期：4 月中旬至 5 月上旬 | 目科属：豆目、豆科、紫藤属 | 别名：朱藤、招藤、招豆藤、藤萝

铁线莲

植物形态：草质藤本植物，植株长度在 1~2 米。茎的颜色有紫红色或者棕色。二回三出复叶，小叶有柄，对生，呈卵状披针形或者卵形，全缘。花单生于叶腋，花梗较长，苞片宽卵形或三角状卵形。花较开展，萼片白色，呈匙形或者倒卵圆形。有倒卵形瘦果，扁平，细瘦。

生长习性：喜肥沃、排水性良好的碱性壤土，忌积水或干旱而不能保水的土壤。耐寒性强，可耐 -20℃低温。多生长于低山区的丘陵灌丛中。

花单生长于叶腋

小叶对生，有柄，小叶卵形或卵状披针形，全缘

茎棕色或紫红色，被稀疏短柔毛

分布区域：分布于中国广西、广东、湖南、江西等地。除中国以外，在日本也有分布。

栽培方法：铁线莲采用播种、压条、嫁接、分株或扦插的方式都可以进行繁殖。栽培铁线莲要选择根系饱满、多茎、健壮的种苗；选择肥沃、排水性好的基质土，pH 值在 5.8~6.5；盆器要深 35 厘米、宽 25~30 厘米，越大越好。

小贴士：铁线莲为藤蔓植物，常常攀缘在其他物体上作装饰，还可以作切花材料。铁线莲有利尿、理气通便、解毒的功效；可以治疗闭经、便秘腹胀、风湿性关节炎、小便不利、蛇虫咬伤和黄疸等病症。

花语：铁线莲的花语是高洁、美丽的心。有乞丐在伤口涂上它的汁水，让伤口变得红肿，用来博得人们同情，因此，铁线莲的花语还有欺骗、贫穷。

花开展，萼片白色，倒卵圆形或匙形

花期：1~2 月　目科属：毛茛目、毛茛科、铁线莲属　别名：铁线牡丹、番莲、金包银、山木通

啤酒花

植物形态：多年生攀缘草本，茎、枝和叶柄均密生有倒钩刺和茸毛。叶呈宽卵形或者卵形，先端急尖，基部呈近圆形或者心形，3~5 裂或者不裂，表面密生有小刺毛，有粗锯齿的边缘。近球形的穗状花序由苞片呈覆瓦状排列。果穗球果状，没有毛，有油点。内藏有扁平瘦果，果期为 9~10 月。

生长习性：耐寒怕热，喜欢冷凉的环境，对土壤要求不严格。在肥沃、疏松、通气性良好、土层深厚的壤土中长势较好。

分布区域：原产于欧洲、美洲和亚洲。分布于中国的东北、华北，以及山东、新疆北部。

茎呈藤状缠绕，有分枝，表面生有茸毛

近球形的穗状花序

苞片呈覆瓦状排列

花语：啤酒花的花语是天真无邪。

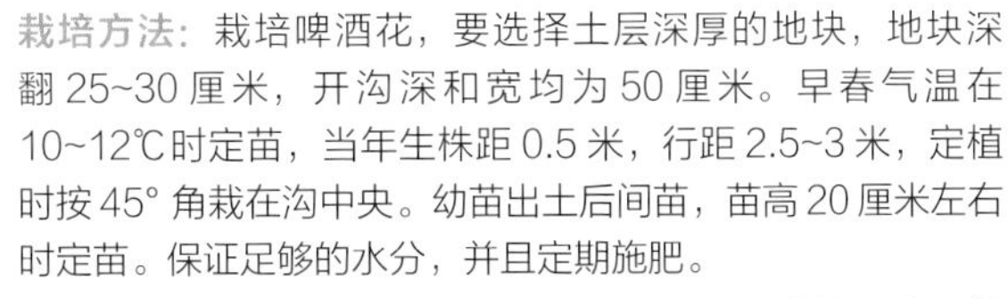

栽培方法：栽培啤酒花，要选择土层深厚的地块，地块深翻 25~30 厘米，开沟深和宽均为 50 厘米。早春气温在 10~12℃时定苗，当年生株距 0.5 米，行距 2.5~3 米，定植时按 45° 角栽在沟中央。幼苗出土后间苗，苗高 20 厘米左右时定苗。保证足够的水分，并且定期施肥。

小贴士：啤酒花的雌花可以制作为干花，用于装饰。啤酒花是酿造啤酒的原料；嫩茎叶洗净，用沸水焯一下，清水漂洗后捞出，可凉拌、炒食。啤酒花具有安神、利尿的作用，用于失眠、消化不良、腹胀浮肿、小便淋痛等病症；还有健胃消食的作用，可以对人们的肠胃进行调理。

叶卵形或宽卵形，基部心形或近圆形

花期：7~8 月　目科属：蔷薇目、大麻科、葎草属　别名：忽布、蛇麻花、酵母花、酒花

萝藦

植物形态：多年生草质藤本植物，长达 8 米，有乳汁。茎圆柱状，叶对生，卵状心形，叶柄长。总状聚伞花序腋生或腋外生，有长总花梗；花蕾圆锥状；花冠的颜色为白色，带有淡紫红色斑纹，呈近辐状；副花冠呈环状。蓇葖果呈角状；有褐色的扁平种子，卵圆形。

生长习性：喜温暖，耐低温；喜微潮偏干的土壤环境，稍耐干旱；喜充足的阳光直射，稍耐阴。多生长于林边荒地、河边、路旁灌木丛中。

分布区域：分布于中国东北、华北、华东，以及陕西、甘肃、河南、湖北、湖南、贵州等地。国外分布在日本、朝鲜、俄罗斯等地区。

栽培方法：萝藦栽培采用直播的方式进行，种植后需要保证阳光充足；萝藦最佳生长温度是 18~20℃，夏季要避开阳光直射，选择半遮阴的地方；刚播种后要让土壤保持潮湿，按时浇水；待萝藦生长到 30 厘米高时，需要进行搭架引导攀缘。

果实外皮可见疣状斑点

草质藤本植物，茎圆柱状，表面淡绿色，有纵条纹

小贴士：萝藦根部可以治疗跌打损伤、蛇咬伤、疔疮、瘰疬；果实可以治疗劳伤、虚弱、腰腿疼痛；茎叶可以治疗小儿疳积、疔肿。

花语：萝藦的花语是纯洁的祈祷。

果实黄绿色，果梗处浑圆，果身椭圆，头部尖尖，呈流线形

花期：6~9 月　目科属：龙胆目、夹竹桃科、鹅绒藤属　别名：白环藤、奶浆藤、天浆壳、婆婆针线包

吊灯花

植物形态：草质藤本植物，茎缠绕，较纤弱，没有毛。叶膜质，对生，呈长圆状披针形，顶端逐渐变尖，基部圆形，叶脉明显。腋生有聚伞花序，萼片呈披针形；花的颜色为紫红色，花冠呈吊灯状。蓇葖长披针形，种子有种毛。

生长习性：喜高温，不耐寒，不耐阴，喜肥沃，宜在肥沃、排水性良好的土壤中生长。生长在海拔400~500米的溪旁、山谷、疏林中。需在高温温室里越冬，冬季温度不宜低于8℃。

聚伞花序腋生

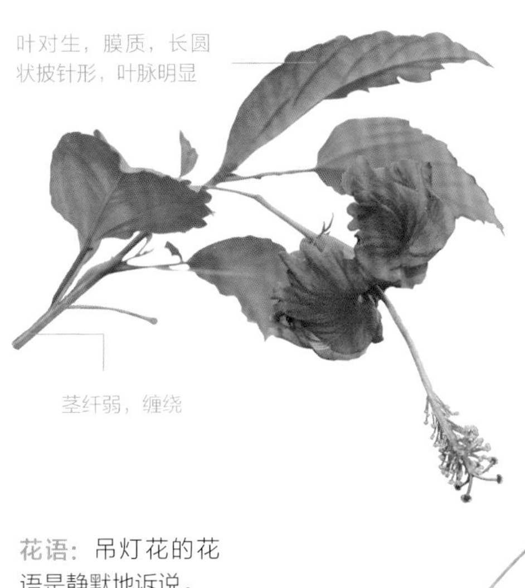

叶对生，膜质，长圆状披针形，叶脉明显

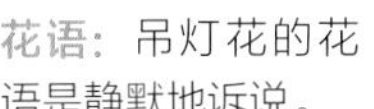

茎纤弱，缠绕

分布区域：分布在中国广西、广东、湖南和四川等地。泰国也有分布。

栽培方法：吊灯花采用扦插育苗的繁殖方式。春、夏、秋三季都可以进行扦插，老枝和嫩枝作为繁殖材料，插穗剪成10厘米长，剪后插入沙床内，约1个月后发叶发根。发根3~5条、根长3厘米时，即可定植。吊灯花不耐低温，注意适当保温。

小贴士：吊灯花适宜作中大型盆栽，摆放于庭院、阳台、客厅等地方，用于装饰景观。吊灯花全草入药，可以清热解毒，治疗肿毒、骨折和癞癣；还可以起到滋补的功效，调节虚弱体质。

花语：吊灯花的花语是静默地诉说。

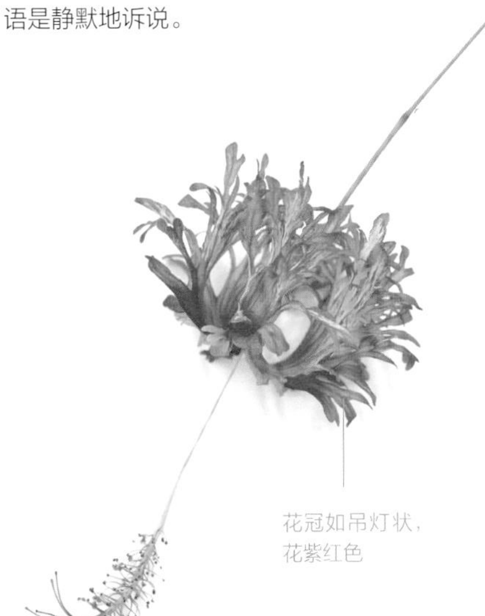

花冠如吊灯状，花紫红色

花期：8~10月　目科属：龙胆目、夹竹桃科、吊灯花属　别名：拱手花篮、花篮、吊篮花、裂瓣朱槿

五叶木通

幼枝灰绿色，有纵纹

植物形态： 落叶木质缠绕藤本植物，植株长 3~15 米，整株无毛。幼枝的颜色为灰绿色，有纵纹。掌状复叶，簇生于短枝顶端，叶柄细而长。腋生有短总状花序。果肉质，长椭圆形，浆果状，略呈肾形，成熟后为紫色。种子多数，颜色为黑褐色或者黑色，长卵形而稍扁。

生长习性： 喜半阴环境，稍畏寒。在微酸、多腐殖质的土壤中生长良好，也能适应中性土壤。茎蔓常匐地生长。生长于海拔 250~2000 米的山地沟谷边的疏林或丘陵灌丛中。

分布区域： 分布于中国云南、四川、广东、广西、湖北、江西、安徽、江苏、湖南、甘肃、福建和浙江等地。国外分布在朝鲜、日本等地。

短总状花序腋生，开紫色花

果肉质，浆果状，长椭圆形，略呈肾形，成熟后为紫色

栽培方法： 五叶木通采用种子繁殖的方式。4~10 月进行种植，行距 20~25 厘米，开沟条播，种子播入沟内后，覆土 2~3 厘米。播种后保持土壤湿润，苗高 30 厘米时搭架引蔓，生长期，施农家肥 2~3 次。7~9 月，凤蝶幼虫会咬食叶片和茎，需进行捕杀。

小贴士： 五叶木通嫩茎叶洗净后，用沸水焯烫，再用清水反复冲洗后，可炒食或者凉拌。五叶木通具有排脓、通乳、清热利尿、通经活络、镇痛的作用，可用于泌尿系感染，以及小便不利、风湿关节痛、月经不调等病症。

花语： 五叶木通的花语是才能、唯一的爱恋。

掌状复叶，簇生于短枝顶端

花期：6~8 月　目科属：毛茛目、木通科、木通属　别名：木通、羊开口、野木瓜、八月炸

白花铁线莲

植物形态：藤本植物。茎的颜色为紫红色或者棕色，上有 6 条纵纹，有膨大的节部。二回三出复叶，全缘，有不明显的脉纹，小叶呈狭卵形至披针形。花单生或集聚成圆锥形花序，有大萼片，花瓣颜色为白色。有花瓣状的瘦果，近球状。

生长习性：耐寒性强，可耐低温。喜肥沃、排水性良好的碱性土壤，忌积水或在干旱时不能留住水分的土壤。白花铁线莲适宜栽植于墙边、窗前、院内，或与其他植物配植于假山。

分布区域：主要分布在中国浙江地区。

栽培方法：栽培白花铁线莲要确认好修剪方法，日照、通风、排水很重要，盆栽栽培的土壤表面干燥后要充分浇水，保持盆土湿润最好。注意定期施肥，它的需肥量很大，生长期不可缺肥。铁线莲适合埋一节茎在土壤中深植。

小贴士：白花铁线莲有解毒、消肿、止痛的功效。

病虫防治：白花铁线莲的抗病虫害能力较强，很少发生病虫现象。病害有枯萎病、粉霉病、病毒病等，可以采用 10% 抗菌剂 401 醋酸溶液 1000 倍液喷洒进行防治。虫害有红蜘蛛、刺蛾危害，用 50% 杀螟松乳油 1000 倍液喷杀防治即可。

花期：6~9月	目科属：毛茛目、毛茛科、铁线莲属	别名：白花藤

田旋花

植物形态：多年生草质藤本植物。茎有棱，缠绕或平卧。叶片呈箭形或者戟形，有叶柄。腋生 1~3 朵花，有细弱的花梗，花冠呈漏斗形，颜色为白色或者粉红色，外面覆有柔毛。有圆锥状或者球形蒴果，没有毛，种子呈椭圆形。5~8 月开花，8~9 月成熟。

生长习性：喜潮湿、肥沃的土壤，常生长于农田内外、荒坡草地、村边路旁。

花 1~3 朵，腋生

小贴士：田旋花是一种极为常见的野花，到处可以看见淡雅美丽的小花。花朵很可爱，花茎托着清丽的花，有的粉白，有的粉红，惹人喜爱。田旋花在夏、秋两季采收全草，洗净后鲜用或切段晒干，可作饲用植物。田旋花有活血调经、祛风止痒、止痛的作用，对牙痛和神经性皮炎有很好的疗效。

花语：田旋花的花语是恩赐。

分布区域：原产于欧洲南部。中国主要分布在东北、华北、西北，以及山东、江苏、河南、四川、西藏等地。国外主要分布在法国、希腊、德国、波兰、南斯拉夫、俄罗斯、蒙古、美国、加拿大、阿根廷、澳大利亚、新西兰、巴基斯坦、伊朗、黎巴嫩、日本等热带和亚热带地区。

栽培方法：田旋花通过根茎和种子进行繁殖和传播，种子由鸟类和哺乳动物取食，进行远距离传播。田旋花在田间以无性繁殖为主。

花期：5~8 月　目科属：茄目、旋花科、旋花属　别名：小旋花、中国旋花、箭叶旋花、野牵牛

第三章

灌木植物

灌木是没有明显主干的木本植物，植株一般比较矮小，从近地面的地方就开始丛生出横生的枝干。一般为阔叶植物，也有一些针叶植物，如刺柏。大部分灌木植物由于小巧，多作为园艺植物栽培，用于装点园林。

杜鹃

花冠阔漏斗形

5片裂片，倒卵形，上部裂片具有深红色斑点

植物形态： 落叶灌木植物，有纤细而多的分枝，叶革质，呈倒披针形或倒卵形或卵状椭圆形。卵球形的花芽，鳞片表面中部往上的部分被糙伏毛，边缘有睫毛。枝顶簇生花，花冠呈阔漏斗形，有鲜红色、玫瑰色或者暗红色等不同的颜色。卵球形蒴果，密被糙伏毛。

生长习性： 喜欢湿润、凉爽的气候，喜酸性土壤，在钙质土中生长得不好，甚至不生长。对于半阴半阳的环境十分适应，忌过阴和烈日直射。生长于海拔500~2500米的山地灌丛或松林下。

分布区域： 分布在中国江苏、安徽、浙江、江西、福建、湖北、湖南、广东、广西、四川、贵州和云南等地。国外分布在北美洲、欧洲，以及澳大利亚。

分枝多而纤细

叶革质，卵状椭圆形、倒卵形或倒披针形

小贴士： 杜鹃可以吸附灰尘，吸收二氧化硫、一氧化氮、二氧化氮等有害气体及放射性物质，净化空气。杜鹃花有镇咳、平喘、祛痰、抗炎、抑菌的作用；可以治疗跌打损伤、瘀血肿痛；还有利尿、镇痛的作用。

花语： 杜鹃的花语是永远属于你、爱的快乐。

栽培方法： 栽培杜鹃可以采用播种、扦插、嫁接、压条和分株的方式繁殖。播种：气温15~20℃时播种，约20天出苗。扦插：5~6月选当年生半木质化枝条作插穗，插后温度保持在25℃左右，1月生根。嫁接：嫩枝劈接，嫁接时间不受限制。杜鹃生长期间注意浇水，春、秋季节修剪枝条。

花有玫瑰色、鲜红色、暗红色等颜色

花期：4~5月	目科属：杜鹃花目、杜鹃花科、杜鹃花属	别名：映山红、红踯躅、山石榴、翻山虎

东北茶藨子

植物形态： 落叶灌木植物，高 1~3 米。小枝灰色或褐灰色；叶宽大，基部心形，有叶柄。总状花序，苞片卵圆形；花萼浅绿色或带黄色；萼筒盆形；萼片倒卵状舌形或近舌形，花瓣近匙形。果实球形，红色，无毛，味酸可食；种子数量较多，较大，圆形。

生长习性： 性喜阴凉而略有阳光的环境。多生长于海拔300~1800米的山坡或山谷针、阔叶混交林下或杂木林内。

分布区域： 分布在中国黑龙江、吉林、辽宁、内蒙古、河北、山西、陕西、甘肃和河南等地。朝鲜北部和俄罗斯西伯利亚地区也有分布。

花瓣近匙形，黄绿色

总状花序

嫩枝红褐色，具有短柔毛或近无毛

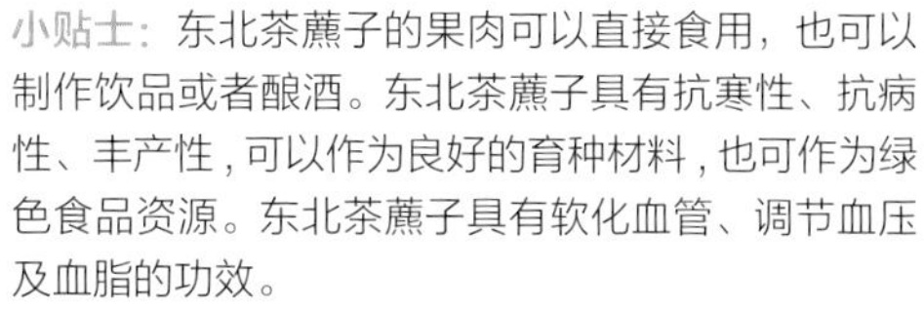

小贴士： 东北茶藨子的果肉可以直接食用，也可以制作饮品或者酿酒。东北茶藨子具有抗寒性、抗病性、丰产性，可以作为良好的育种材料，也可作为绿色食品资源。东北茶藨子具有软化血管、调节血压及血脂的功效。

品种鉴别： 光叶东北茶藨子和东北茶藨子形态相近，主要区别在于：东北茶藨子叶片两面有毛，叶下面密生白绒毛；光叶东北茶藨子叶片无毛。东北茶藨子果实可供食用且酸甜可口；光叶东北茶藨子仅刚结果时果实可食用，但味极酸涩。东北茶藨子喜阴凉而略有阳光的环境；光叶东北茶藨子耐阴，常生长于林荫下。

花期：4~6 月　目科属：虎耳草目、茶藨子科、茶藨子属　别名：满洲茶藨子、山麻子、东北醋李

金合欢

头状花序簇生于叶腋

二回羽状复叶，小叶线状长圆形

植物形态：灌木或者小乔木植物，植株高 2~4 米。树皮的颜色是灰褐色，粗糙且多分枝，小枝通常以“之”字形弯曲生长。小叶线状长圆形，二回羽状复叶。头状花序簇生于叶腋，总花 梗被毛。花颜色为黄色，有浓郁的香气。花瓣连合呈管状。荚果近圆柱状，膨胀。

生长习性：喜光，喜温暖、湿润的气候，耐干旱，在背风、向阳的环境中可以很好地生长，以水分充足、肥沃的酸性土壤为佳。冬季室温不宜低于 4℃，且适当减少浇水。

分布区域：原产于澳大利亚。在中国，分布在浙江、福建、广东、广西、云南和四川等地。

栽培方法：金合欢可采用播种、扦插、压条、嫁接、分株等方法进行繁殖。3~4 月进行春播，9 月下旬至 10 月中旬进行秋播。金合欢种子播前用60~80℃热水浸种，第三天取出混以湿沙，保湿 7 天后播种，3~5 天出苗。育苗方式有营养钵育苗和圃地育苗。出苗后，苗高 3~5 厘米时，施腐熟人粪尿或化肥 1 次；苗高 15 厘米时进行移苗。定植后及时浇水，注意修剪侧枝。

小贴士：金合欢流出的胶状物质具有药用价值，可以治疗外伤感染、痈疖肿毒，对毒蛇咬伤有一定疗效，可以杀灭细菌，起到止痛、抗菌、消炎的作用。

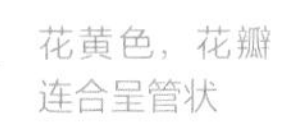

花黄色，花瓣连合呈管状

小枝粗糙，褐色，多分枝

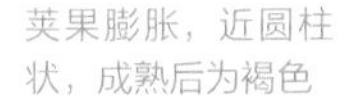

荚果膨胀，近圆柱状，成熟后为褐色

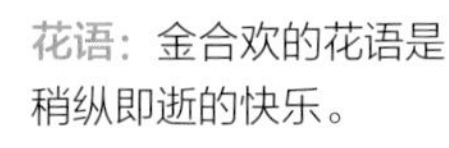

花语：金合欢的花语是稍纵即逝的快乐。

种子多颗，卵形，长约 6 毫米

花期：2~3 月　目科属：豆目、豆科、金合欢属　别名：鸭皂树、刺球花、消息树、牛角花

连翘

植物形态：落叶灌木植物，植株高可达 3 米。有丛生枝干，黄色的小枝拱形下垂，中空。叶片椭圆状卵形至椭圆形，对生，边缘有齿。花单生或数朵着生于叶腋，花冠的颜色为黄色，裂片呈长圆形或者倒卵状长圆形。

生长习性：连翘耐干旱和贫瘠，也耐寒，喜欢湿润、温暖的气候，怕涝，对土壤要求不严格，在碱性、酸性或者中性的土壤中都可以正常生长。多生长在海拔 250~2200 米的地方。

分布区域：分布在中国辽宁、河北、河南、山东、江苏、湖北、江西、云南、山西、陕西和甘肃等地。

栽培方法：连翘栽培采用压条、插条、分株的方式。压条：春季将植株下垂枝条压低埋入土中，次年春季剪掉，定植。以扦插繁殖为主，扦插后把花盆放在向阳处。插条：秋季落叶后或者春季发芽前进行，选择 1~2 年生健壮枝条，剪成 20~30 厘米长的插穗。插穗时，要倾斜插入，插入土中深 18~20 厘米，埋土压实。分株：霜降之后或者春季发芽前进行，将 3 年以上发出的幼条带土刨出，移栽。一棵植株分栽 3~5 株。

叶片卵形至椭圆形

单叶或三出复叶

小贴士：连翘是一种天然防腐剂，可以延长食品保存时间；可以泡茶饮用，具有很好的保健功效。连翘可以清热解毒、消痈散结，主要用于疮痈肿毒、丹毒等具有炎症性的皮肤疾病，对毛囊炎、痤疮等有一定疗效；连翘还可以治疗瘀核、瘿病，对甲状腺肿大、甲状腺结节有解毒散结的作用。

花语：连翘的花语是预言。

花期：3~4 月 | 目科属：唇形目、木樨科、连翘属 | 别名：连壳、黄花条、黄链条花、黄奇丹

迷迭香

花对生，少数聚集在短枝顶端，组成总状花序

植物形态：灌木植物，植株高可达 2 米。有圆柱形的茎和老枝，皮层的颜色为暗灰色。枝上叶丛生，无柄或有短柄。叶片全缘，呈线形，革质，向背面卷曲。花对生，近无梗，短枝顶端会有少数花聚集形成总状花序。苞片有柄，较小，有卵状钟形的花萼，花冠的颜色为蓝紫色。

生长习性：迷迭香生长缓慢，再生能力不强。性喜温暖的气候，较耐旱，土壤以富含砂质、排水性良好的为佳。

分布区域：主要分布在中国南方大部分地区。欧洲和北非地中海沿岸，以及欧洲南部也有分布。

栽培方法：迷迭香采用种子繁殖、扦插繁殖和压条繁殖的方法。种子繁殖：早春在温室内进行育苗。土法育苗先整理好苗床，撒播或条播均可，种子播于苗床上，无需覆盖，保持土壤表层湿润；种子 2~3 周发芽，苗长到 10 厘米时定植。扦插繁殖：冬季至早春进行，选健康的茎作插穗，从顶端算起 10~15 厘米处剪下，插在介质中，3~4 周生根，7 周后定植。压条繁殖：把植株接近地面的枝条压弯后覆土，长出新根即剪下，定植到露地上。

小贴士：迷迭香花洗净、焯水，可凉拌、炒食或蒸食；晒干后可作茶饮；迷迭香是西餐中经常使用的香料，常用在牛排、土豆等料理中，增加食物风味；迷迭香花和嫩枝可以提取芳香油，是调配空气清洁剂、香水、香皂等化妆品的原材料。迷迭香有镇静、安神的作用，可以治疗失眠心悸、头痛、消化不良等病症；还有促进代谢、促进末梢血管血液循环的作用。

花语：迷迭香的花语是回忆。

叶常常在枝上丛生，有短柄或无柄

叶片线形，革质

花冠蓝紫色

茎及老枝圆柱形，皮层暗灰色

花期：11 月 ~ 次年 4 月 | 目科属：唇形目、唇形科、迷迭香属 | 别名：海洋之露、艾菊

牡荆

圆锥形花序顶生或侧生，花冠淡紫色

植物形态： 落叶灌木或小乔木植物，植株高可达 5 米，有浓郁香味，多分枝，密被细毛。掌状五出复叶对生，小叶披针形，边缘有粗锯齿，颜色为绿色，两面沿叶脉有短细毛。顶生或侧生有圆锥形花序，有细小花苞，线形，钟状花萼，花冠的颜色为淡紫色，外面密生有细毛。有黑色球形浆果。

生长习性： 喜光、耐阴、耐寒、耐旱、耐瘠薄土壤，对土壤适应性强。多生长于低山山坡的灌木丛中、山脚、路旁及村舍附近向阳、干燥的地方。

分布区域： 分布于中国的河北、湖南、湖北、广东、广西、四川和贵州等地。日本也有分布。

栽培方法： 牡荆播种可以在秋季果实成熟时随采随播或者干藏到次年 3~4 月再进行播种，也可以采用扦插、压条或分株方式进行繁殖。要选用疏松、排水性良好的土壤，放在阳光充足、环境通风的地方养护。生长期注意浇水，保持盆土湿润，施有机肥为主，施化肥为辅。

茎直立，多分枝，表面有细毛，具有香味

掌状五出复叶对生，小叶披针形，边缘具粗锯齿

小贴士： 牡荆树姿优美，是杂木类树桩盆景的优良树种，具有很好的观赏价值；牡荆树的木材可以制作家具、木雕、根艺等；嫩芽叶在洗净、焯水、漂洗后可以炒食。牡荆有祛风解表、除湿杀虫、止痛、杀菌的功效，对风寒感冒、痧气腹痛、吐泻、痢疾、风湿痛、脚气、痈肿、足癣等病症有治疗作用。牡荆对带下异常、心虚惊悸、小便尿血、风牙痛、喉痹疮肿等也有很好的治疗作用。

花语： 牡荆的花语是浪漫的爱。

牡荆子采摘后洗净晒干，可作药用，有降脂降压的作用

花期：7~11 月 | 目科属：唇形目、唇形科、牡荆属 | 别名：土常山、五指柑、补荆

金丝桃

雄蕊多数，花丝极长，灿若金丝

植物形态：多年生草本灌木植物，植株高 0.5~1.3 米。茎为圆柱形，颜色为红色，皮层为橙褐色。叶没有柄或者有短柄，对生，叶片呈椭圆形至长圆形或者倒披针形。有星状花和疏松的近伞房状花序，花瓣的颜色为金黄色至柠檬黄色，呈三角状倒卵形。种子深红褐色，圆柱形。蒴果宽卵珠形。

生长习性：喜欢湿润、半阴的环境，不耐寒。多生长于山坡、路旁或灌丛中，多生长于海拔 0~150 米的沿海地区，但在山区生长海拔可高达 1500 米。

分布区域：分布在中国河北、陕西、山东、江苏、安徽、江西、福建、河南、湖北、湖南、广东、广西、四川和贵州等地。日本也有分布。

栽培方法：金丝桃采用分株、扦插和播种的方式进行繁殖。分株在 2~3 月进行，扦插使用硬枝，插条最好带踵，宜早春进行。3~4 月进行播种，播后加覆土，盖草保湿，苗高 5~10 厘米时进行分栽。金丝桃春季萌发前要进行 1 次整剪，生长期土壤要湿润。

小贴士：金丝桃是一种观赏性植物，可栽植在庭院或者路旁，也可作盆栽或切花。金丝桃有清热解毒、散瘀止痛、祛风湿的功效；可以治疗肝炎、急性咽喉炎、结膜炎、疮疖肿毒、蛇咬伤及蜂蜇伤、跌打损伤和风寒腰痛等病症；在镇静、抗菌、消炎、抗病毒等方面也能起到很好的作用。

蒴果卵珠形，先端近锐尖至钝形

花瓣金黄色至柠檬黄色，三角状倒卵形

花语：金丝桃的花语是复仇、迷信、娇媚、哀婉。

花期：5~8 月　目科属：金虎尾目、金丝桃科、金丝桃属　别名：狗胡花、金线蝴蝶、过路黄、金丝海棠

假连翘

植物形态：植株高 1.5~3 米。下垂的枝条上无刺或者有刺，嫩枝上有毛。叶边缘有锯齿，对生，叶柄有柔毛，叶片呈卵状披针形、倒卵形或者卵状椭圆形，纸质。顶生或腋生有总状花序，常排列成圆锥状，管状花萼，有毛；花冠的颜色为淡蓝紫色或者蓝色。有近卵形或者圆形果实。

生长习性：耐半阴，耐水湿，不耐干旱，喜欢阳光充沛、温暖湿润的气候。对土壤有很强的适应性，以钙质土、酸性土、重黏土和砂质土为佳。

分布区域：原产于热带美洲。分布在中国华南北部以及华中、华北的广大地区。

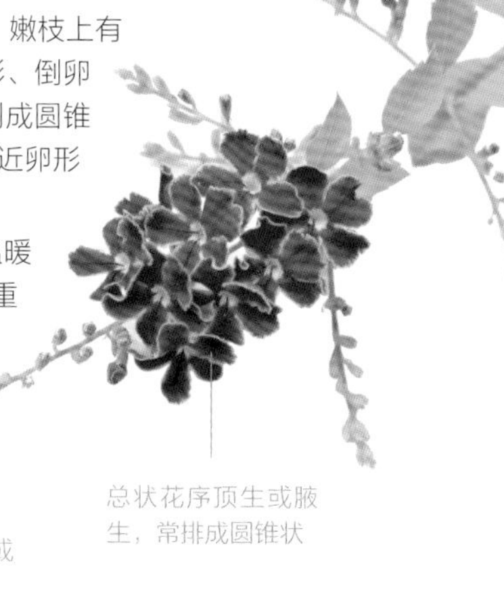

总状花序顶生或腋生，常排成圆锥状

花冠蓝色或淡蓝紫色

枝条常下垂，嫩枝有毛

叶对生，边缘有锯齿；叶柄有柔毛

小贴士：假连翘能减少雨水侵蚀，具有良好的水土保持作用；假连翘的枝条适合修剪，可以作为盆栽放在室内，也可以作地栽植物，用来绿化庭院。假连翘有散热透邪、活血祛瘀、止痛、杀虫、消肿解毒的作用，可以用于疟疾、痈毒脓肿等病症。

花语：假连翘的花语是邪恶。

栽培方法：假连翘采用播种、扦插、压条和分株的繁殖方式。播种：种子采集后沤约 1 周，淘出，晾干后播种；种子随采随播，播后 10 天发芽。扦插：春末夏初选 1~2 年生嫩枝，截成 15 厘米段，插入湿沙床中，1 个月发根。压条：3~4 月将母株上下垂枝弯曲压入土内，入土处用刀刻伤，埋上细土，刻伤处即能生根。分株：秋季落叶后或早春萌芽前，挖取植株的根蘖苗移栽定植。

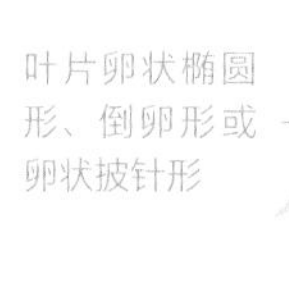

叶片卵状椭圆形、倒卵形或卵状披针形

花期：5~10 月 | 目科属：唇形目、马鞭草科、假连翘属 | 别名：番仔刺、篱笆树、洋刺、花墙刺、桐青

粉花绣线菊

植物形态：直立灌木植物，植株高 1~2 米。有密集的小枝上略有棱角，颜色为黄褐色，嫩枝有短柔毛，冬芽呈长圆卵形或者卵形。叶片边缘密生锐锯齿，呈长圆披针形至披针形。有金字塔形或者长圆形圆锥花序，花瓣先端圆钝，呈卵形，粉红色或白色。蓇葖果直立。

生长习性：粉花绣线菊喜光也稍耐阴，耐瘠薄、不耐湿。可抗寒、抗旱，能耐 −10 ℃低温。喜温暖、湿润的气候和深厚、肥沃的土壤。

分布区域：分布在中国辽宁、内蒙古、河北、山东和山西等地。日本、朝鲜、韩国也有分布。

栽培方法：粉花绣线菊采用分株、扦插或播种的繁殖方式。秋天种子成熟后采摘、晒干、脱粒、贮藏，第二年春天取出种子进行播盆。2~3 月结合移植，从母株上分离出萌蘖条，适当修剪后分栽。扦插时，用嫩枝及硬枝均可，用塑料薄膜支棚覆盖，每天浇透水 1 次，注意及时通风，及时清除杂草，保证植物良好生长。

小贴士：粉花绣线菊是一种观赏性植物，广泛栽植于园林中；可以用于庭院观赏，可布置花篱、丛植、花境、草坪及小路角隅等处；粉花绣线菊生态适应性强，可以丛植于山坡路旁、水岸、石边等处，也可植于建筑物周围作基础栽植，起到点缀或美化的作用；粉花绣线菊花色娇艳，叶片雅致，是用作切花、盆栽生产的良好材料。

花语：粉花绣线菊的花语是祈福、努力。

花期：6~8 月　目科属：蔷薇目、蔷薇科、绣线菊属　别名：蚂蟥梢、火烧尖、日本绣线菊

毛樱桃

叶片卵状椭圆形或倒卵状椭圆形，边缘具粗锯齿

植物形态： 灌木植物，小枝的颜色为灰褐色或者紫褐色，嫩枝上密被茸毛到无毛。冬芽疏被短柔毛或者无毛，呈卵形。2朵簇生或单生花，有近伞形或者伞房状花序，花瓣呈倒卵形，先端圆钝，颜色为粉红色或者白色。果实近球形，红色。

生长习性： 适宜栽培在早春气候变化不明显，平均气温13℃以上，夏季凉爽干燥、光照充足、雨量适中的地区，既怕涝、冻，也怕干旱、风。喜光、喜温、喜湿、喜肥。多生长于海拔100~3200米的山坡林中、林缘、灌丛中或草地。

分布区域： 分布在中国安徽、辽宁、河北、陕西、甘肃、山东、河南、江苏、浙江和江西等地。

栽培方法： 毛樱桃采用播种、扦插、压条和嫁接的方式进行繁殖。栽植前要把地整平，挖宽0.8米、深0.6米的坑，坑里填入10厘米深的有机肥，将苗放进坑里，栽好后浇水。定植后保持土壤潮湿，及时松土。浇水与施肥相结合，充足但不过量，一年浇3~4次水，每年施肥2次，以酸性肥料为好。注意病虫害防治，采用淋洗式喷布，枝、叶、芽全面着药，消灭瘤蚜虫；使用乐果、花虫净、速灭杀丁消灭红蜘蛛。

小贴士： 毛樱桃果实微酸甜，可直接食用或者酿酒食用。毛樱桃在城市庭园中常见栽培，可供观赏，是集观花、观果、观型为一体的园林观赏植物。毛樱桃有补中益气、健脾祛湿的功效；对病后体虚、倦怠少食、风湿腰痛、四肢不灵活、贫血等病症有一定疗效。

花语： 毛樱桃的花语是乡愁。

花单生或2朵簇生，白色或粉红色

果实近球形，红色

花期：4~5月　目科属：蔷薇目、蔷薇科、李属　别名：楔荆桃、莺桃、车厘子、牛桃、樱桃

风箱果

植物形态： 灌木植物，植株高可达 3 米。有略微弯曲的圆柱形小枝，近乎没有毛。叶片呈三角卵形至宽卵形。伞形总状花序，披针形苞片顶端有锯齿，杯状萼筒，外面被有星状茸毛，萼片三角形，花瓣颜色为白色，先端圆钝，呈倒卵形；花药颜色为紫色。骨突果膨大，呈卵形；有黄色、光亮的种子。

总状花序伞形

小枝圆柱形，稍弯曲，近乎无毛

生长习性： 风箱果喜光，耐半阴，耐寒性强，但又不耐水渍。多生长在山沟中，在阔叶林边常丛生，也多生长于山顶、山坡林缘、灌丛中。

分布区域： 分布在中国黑龙江和河北地区。朝鲜北部及俄罗斯远东地区也有分布。

栽培方法： 风箱果采用种子繁殖的方式。种子脱粒后风干，去除空粒、瘪粒，在低温干燥处保存。第二年将贮存的种子在温水中浸泡 12 小时，取出后催芽，再进行播种。北方地区春季干旱，栽培风箱果时，可采用低床，床面平整、无积水。出苗前注意保持土壤湿润，小水、勤灌。播种后，进行病虫害防治，除草 2~3 次。风箱果抗寒性极强，可越冬，无需特殊处理。

小贴士： 风箱果是一种观赏性植物，一般栽植在园林中，如亭台、林缘等处；风箱果树皮可以抗卵巢肿瘤、结肠肿瘤等。

你知道吗？ 现今风箱果的分布范围和种群数量日益缩减。中国仅有零星分布，分布区域狭窄，生态幅度小。随着旅游资源的开发，风箱果的生存环境遭到严重破坏。

花瓣倒卵形，先端圆钝，白色

花期：5~6 月 | 目科属：蔷薇目、蔷薇科、风箱果属 | 别名：阿穆尔风箱果、托盘幌

金银花

植物形态： 多年生半常绿灌木植物。有细长的小枝，藤的颜色为褐色至赤褐色。叶呈长圆状卵形、卵形或卵状披针形，枝叶密生柔毛和腺毛。花腋生，花的颜色初为白色，后逐渐变为黄色。唇形花，有淡淡的香气。球形浆果，成熟后颜色为蓝黑色。

生长习性： 金银花的适应性很强，喜阳，耐阴，耐寒性强，也耐干旱和水湿。对土壤要求不严，以湿润、深厚、肥沃的土壤为佳。生存力强，适应性广，但在荫蔽处会生长不良。多生长于山坡灌丛或疏林中、乱石堆、山脚路旁及村庄篱笆边，生长海拔最高可达1500米。

分布区域： 分布在中国华东、中南、西南及辽宁、河北、山西、陕西和甘肃等地。国外分布在朝鲜和日本等地。

花冠二唇形，有淡香

花色初为白色，渐变为黄色

小枝细长，藤为褐色至赤褐色

叶对生，卵形、长圆状卵形或卵状披针形

栽培方法： 金银花采用种子和扦插的繁殖方式。种子繁殖：4月播种，种子在35~40℃温水中浸泡24小时，在2~3倍湿沙中催芽，至裂口达到30%时播种。在畦上开沟，行距21~22厘米，覆土1厘米，10天左右出苗。扦插繁殖：雨季进行扦插，选1~2年生枝条，截成30~35厘米，按行距1.6米、株距1.5米挖穴，每穴插条5~6根，填土压实。

小贴士： 金银花适合栽培在林下、林缘、建筑物上，作绿化矮墙或者作花廊、花架、花栏、花柱以及用于缠绕假山石等，具有较高的观赏价值。经常服用金银花水，有利于咽喉肿痛、肥胖症、肝火旺盛等症的治疗；金银花有清热解毒的功效，可治疗温病发热、热毒血痢、痈疽疔毒等病症；有增强免疫力、护肝、消炎、解热、凉血等疗效；金银花藤煲水后外用，对湿疹等皮肤瘙痒症状有缓解作用。

花语： 金银花代表诚实的爱、奉献的爱、不变的爱和真爱。

浆果球形，成熟后为蓝黑色

花期：4~6月　目科属：川续断目、忍冬科、忍冬属　别名：忍冬、金花、银花、二花、密二花

金露梅

植物形态：落叶灌木植物，植株高约为 1.5 米。树冠呈球形，树皮上有纵裂、剥落，分枝较多。幼枝被有丝状毛。集生有羽状复叶，小叶全缘，边缘部分外卷，呈长椭圆形至条状长圆形。花单生或数朵聚集排列成伞房状，花瓣的颜色为黄色，呈宽倒卵形。瘦果为棕褐色卵形，外被长柔毛。

生长习性：金露梅生性强健，耐寒，喜湿润，但怕积水，喜光。对土壤要求不严，喜微酸至中性、排水性良好的湿润土壤，也耐干旱、瘠薄。在遮阴处多生长不良。

分布区域：分布于中国的东北、华北、西北和西南等地区，主要分布在黑龙江、吉林、辽宁、内蒙古、河北、山西、陕西、甘肃、新疆、四川、云南、西藏等地。

栽培方法：种植金露梅时要把空气的湿度控制好，尽量把它放在能够接受充足光线照射的地方。在施肥过程中，需要对肥水进行管理。春、夏、秋这三个季节，浇水和施肥的频率要高。到了冬天，频率要降低，需要把金露梅生病、枯死、瘦弱的枝条剪掉。随着植物的生长，植株会变得很高，需要根据它的大小更换合适的容器和培养土。

羽状复叶集生

小贴士：金露梅适合作庭园观赏性灌木，或作矮篱。叶与果含鞣质，可用来制作栲胶。金露梅嫩叶可代茶叶饮用，可以健脾消暑。金露梅在高寒地区的牧场可以用作动物饲料。金露梅有健脾、消暑、调经的效果，可以治疗暑热眩晕、胃气不和、饮食积滞和月经不调。

花语：金露梅的花语是怜惜眼前人。

花期：6~9月 | 目科属：蔷薇目、蔷薇科、委陵菜属 | 别名：金蜡梅、金老梅

野牡丹

植物形态：灌木植物，茎密被鳞片状糙伏毛，呈近圆柱形或者钝四棱形。叶片坚纸质，呈广卵形或者卵形，全缘。分枝顶端生有伞房花序，近头状，花瓣的颜色为粉红色或者紫色，密被缘毛，呈倒卵形。蒴果呈坛状球形。

生长习性：野牡丹喜阴，稍微耐寒和瘠薄，喜欢湿润、温暖的气候，适合栽培在富含腐殖质和疏松的土壤中，适宜在酸性土壤中生长，具有很好的抗病虫害能力，管理粗放。多生长于旷野山坡上、山路旁灌丛林中、疏林中。

叶片坚纸质，卵形或广卵形，全缘

茎圆柱形或钝四棱形

分布区域：分布于中国云南、广西、广东和福建等地。

栽培方法：野牡丹采用播种繁殖和扦插繁殖的方式。土壤要求土质疏松、肥沃，栽植后浇透水 1 次，栽植 1 年后，秋季可施腐熟有机肥料。栽植当年，多修剪，生长期及时中耕，拔除杂草。当盆栽牡丹生长三四年后，秋季换到大盆中。野牡丹要种在向阳的地方，给予充足的光照。

小贴士：野牡丹可以作为观赏性植物，用于布置园林。野牡丹有清热利湿、消肿止痛、散瘀止血的作用；可以用于治疗消化不良、泄泻、肝炎、便血的症症；野牡丹的叶片外用，可以治疗跌打损伤和外伤出血。

花语：野牡丹的花语是自然。

花瓣紫色或粉红色，倒卵形

花期：5~7 月	目科属：桃金娘目、野牡丹科、野牡丹属	别名：山石榴

油茶

植物形态： 灌木或中乔木植物，嫩枝上有粗毛，叶呈倒卵形、长圆形或者椭圆形，上面颜色为深绿色且发亮，中脉部分有柔毛或粗毛。顶生有花，几乎没有柄，花瓣的颜色为粉红色或者白色，呈倒卵形；花药的颜色为黄色。

生长习性： 不耐寒冷，喜欢温暖的环境，要求年平均气温16~18℃，花期适宜的平均气温为12~13℃。突然的低温或晚霜会造成落花、落果。对土壤没有严格的要求。适合种植在侵蚀作用较弱、坡度和缓的地方，以土层深厚的酸性土为佳。

分布区域： 分布在中国南方亚热带地区的高山及丘陵地带，主要集中在浙江、江西、河南、湖南、广西等地。

栽培方法： 油茶采用种子、插条和嫁接的方式繁殖。要选择新鲜优质的种子，茶果要自然开裂脱粒。按3.3米×2米的行株距开穴，采用点播的方式，在小穴内放置3颗种子，播后覆土。种子发芽后，且苗长到20厘米时，开始间苗。

小贴士： 油茶种子可以榨茶油，可供食用。茶饼是优良的肥料和农药，可以防治病虫害，提高作物的蓄水力。茶油的不饱和脂肪酸含量高达90%，具有很高的营养价值。油茶的抗污染能力很强，对二氧化硫抗性强，抗氟和吸氯能力也很强，具有很高的生态作用。油茶也可以作为机油的代用品。油茶有清热解毒、活血散瘀和止痛的功能；油茶的根可以用于急性咽喉炎、胃痛和扭挫伤等病症；茶饼外用，对皮肤瘙痒有一定疗效。

花语： 油茶的花语是含蓄。

花期：10~11月 | 目科属：杜鹃花目、山茶科、山茶属 | 别名：茶子树、茶油树、白花茶

卫矛

叶对生，叶片近革质

花黄绿色或红色，花瓣近圆形

植物形态：灌木植物，植株高 1~3 米。小枝略呈四棱形，颜色为绿色。叶对生，叶片近革质，呈菱状倒卵形至椭圆形或倒卵形，边缘有锯齿。腋生有聚伞花序，花的颜色为红色或者黄绿色，花瓣近圆形。蒴果裂瓣椭圆形，种子呈椭圆形。

生长习性：卫矛喜光耐阴，对气候和土壤的适应性强，能耐干旱、瘠薄和寒冷。在中性、酸性及石灰性土均能正常生长。萌芽力强，耐修剪，对二氧化硫有较强抗性。多生长于山坡、沟地边沿。

分布区域：分布在中国各地，以东北地区和新疆、青海、西藏、广东及海南为主。国外分布在日本、朝鲜、韩国等地。

栽培方法：卫矛采用播种和扦插的繁殖方式。秋季采种后，日晒脱粒贮藏。第二年春季采用条播的方法，行距 20 厘米，覆土 1 厘米，盖草保湿。苗高约 30 厘米，第二年分栽后培育 3~4 年，即可定植。6~7 月扦插，选半成熟枝带踵，截成长约 20 厘米的插穗。生长期注意防治病虫害。

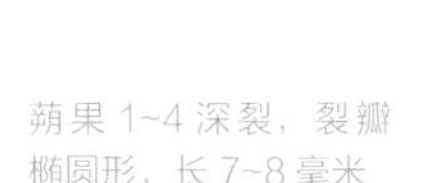

种子椭圆形或阔椭圆形，假种皮橙红色，全包种子

小贴士：卫矛堪称观赏佳木，具有很好的观赏价值，常应用于园林、道路、公路绿化的绿篱带、色带拼图和造型，可以净化空气、美化环境，有一定的园林价值。嫩茎叶洗净后用沸水焯烫一下，换清水漂洗后，可以凉拌、炒食或者炖汤食用。卫矛有调节血脂、活血散瘀、杀虫、解毒消肿的功效；可以用于治疗闭经痛经、产后瘀血腹痛、虫积腹痛；还可以治疗疝气、疮肿、跌打伤痛、毒蛇咬伤等病症。

品种鉴别：卫矛和冬青的区别在于，卫矛叶子呈卵状椭圆形或狭窄的长椭圆形；冬青叶子呈革质或膜质，表面有光泽。卫矛是聚伞花序，花朵黄绿色，花瓣近圆形；冬青为伞形花序或聚伞形花序，花朵白色、红色或粉红色。两者根据叶子和花型，还是很好区分的。

小枝略呈四棱形，绿色

叶片倒卵形、菱状倒卵形至椭圆形，边缘有锯齿

花期：5~6 月	目科属：卫矛目、卫矛科、卫矛属	别名：鬼箭、六月凌、四面锋、蓖箕柴

百里香

头状花序，花有短梗

植物形态：半灌木植物，茎多数，被短柔毛，上升或者匍匐。叶细而小，对生，呈长椭圆形或卵形，钝头，全缘，基部有刚毛，短柄。头状花序，花有短梗，花颜色为粉色、白色或紫色，被疏短柔毛。小坚果呈卵圆形或近圆形，光滑，压扁状。

生长习性：百里香喜欢温暖、光照充足、干燥的环境。对土壤没有严格要求，疏松且排水性良好的石灰质土壤十分利于其生长，多生长在向阳处。

分布区域：分布于中国黄河以北地区。

茎多数，被短柔毛

花于枝顶簇生，呈白色、粉色或紫色，被疏短柔毛

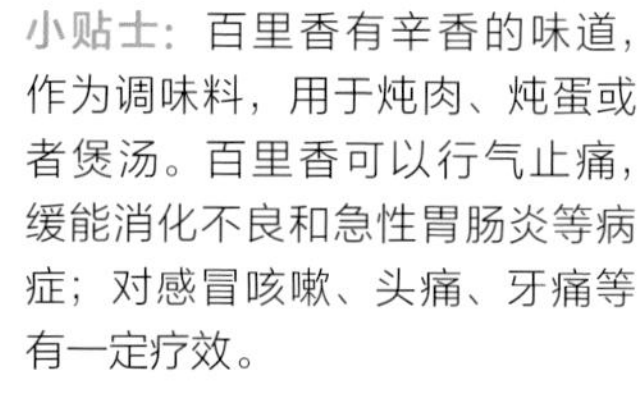

小贴士：百里香有辛香的味道，作为调味料，用于炖肉、炖蛋或者煲汤。百里香可以行气止痛，缓能消化不良和急性胃肠炎等病症；对感冒咳嗽、头痛、牙痛等有一定疗效。

花语：百里香的花语是勇气。

栽培方法：百里香采用播种、扦插和分株的方式繁殖。播种繁殖：3~4 月播种，撒播后的种子覆细土，用塑料薄膜保温保湿，10~12 天出苗，及时清除杂草。扦插繁殖：剪取 5 厘米左右带顶芽的枝条进行扦插，在直径 2 厘米左右的纸筒苗盘中进行。分株繁殖：3 月下旬或 4 月上旬，选取 3 年生以上植株进行分株，连根挖出母株，分为 4~6 份，每份留芽 4~5 个，进行栽植。

叶对生，细小，长椭圆形或卵形，全缘

花期：7~8 月 目科属：唇形目、唇形科、百里香属 别名：地椒、地花椒、山椒、山胡椒、麝香草

牛角瓜

植物形态：直立灌木植物，植株高可达 3 米。整株有汁。茎颜色为黄白色，有粗壮的枝，幼枝部分被灰白色茸毛。叶呈椭圆状长圆形或倒卵状长圆形。腋生和顶生有伞形聚伞花序，花萼裂片呈卵圆形，花冠的颜色为紫蓝色或紫红色，辐状；裂片呈卵圆形。有广卵形的种子。

生长习性：牛角瓜多生长于低海拔向阳山坡、旷野及海边。属于向阳性植物，适宜生长温度为 20~35℃。

伞形聚伞花序，腋生和顶生

枝粗壮，幼枝部分被灰白色茸毛

花冠辐状，直径 3~4 厘米

分布区域：在中国，分布在云南、四川、广西和广东等地。国外分布在印度、斯里兰卡、缅甸、越南和马来西亚等地。

栽培方法：牛角瓜为实生苗繁殖，春季播种，将种子放在温水中浸泡 12 小时，放在无纺布内，覆盖深约 1 厘米的土壤，并保持土壤湿润，1 周后发芽，幼苗 40 天左右可移栽。花期和果期增施有机肥，不同季节要对牛角瓜进行修剪，并且防治病虫害。

小贴士：牛角瓜的茎皮坚韧结实，可以用来制作人造棉、纸张、绳索或麻布等；牛角瓜的种毛可作丝绒原料和填充物。牛角瓜入药后，有消炎、抗菌、化痰和解毒等作用，对皮肤病、痢疾、风湿病、支气管炎有一定疗效，还有强心、保肝、镇痛等疗效；树皮外用，可以治疗癣疾。

花语：牛角瓜是一种在老挝寺庙和祭祀时常用的花，寓意“能得到充满幸福的爱”。

花冠紫蓝色或紫红色

叶倒卵状长圆形或椭圆状长圆形

花期：全年 | 目科属：龙胆目、夹竹桃科、牛角瓜属 | 别名：哮喘树、羊浸树、断肠草

醉鱼草

植物形态：灌木植物，植株高 1~3 米。茎皮的颜色为褐色，小枝上有四棱。叶对生，呈卵形、椭圆形至长圆状披针形。顶生穗状聚伞花序，花的颜色为紫色，有香气。花萼呈钟状，有宽三角形的裂片。

生长习性：醉鱼草有很强的适应性，不耐水湿，喜欢肥沃、深厚的土壤和湿润、温暖的气候。

分布区域：分布在中国西南地区及江苏、安徽、浙江、江西、福建、湖北、湖南和广东等地。

栽培方法：5~6 月取嫩枝扦插，半木质化枝条剪成 10 厘米长，去掉下部叶片，剪去三分之二上部的 2~3 片叶，距芽 1 厘米处平剪，下剪口芽背面斜剪成马蹄形，插穗摆放整齐后覆沙。每天喷水 2 次，保持温度 28℃左右，约 20 天生根，炼苗 1 周后移栽。

小枝具四棱

叶对生，萌芽枝条上的叶为互生或近轮生

小贴士：醉鱼草花味道芳香，花朵美丽，适合在园林绿化中种植，用于美化坡地、墙隅等；可作切花材料，是常见的优良观赏性植物。醉鱼草可以用来治疗感冒、咳嗽、哮喘、跌打损伤、外伤出血等病症；对风湿关节痛、蛔虫病、钩虫病等也有一定疗效。

花语：醉鱼草的花语是信仰心。粉红色的醉鱼草是 11 月 27 日的生日花。

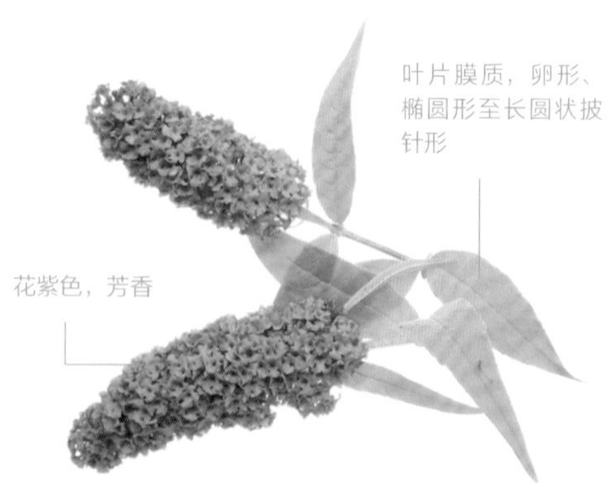

花期：4~10 月 | 目科属：唇形目、玄参科、醉鱼草属 | 别名：闭鱼花

美丽胡枝子

植物形态：直立灌木植物，株高 1~2 米。多分枝，被疏柔毛。托叶披针形至线状披针形，褐色；小叶椭圆形、长圆状椭圆形或卵形。总状花序单一腋生或构成顶生的圆锥形花序；花冠红紫色或白色，旗瓣近圆形。荚果倒卵形或倒卵状长圆形，表面有网纹且被疏柔毛。

生长习性：美丽胡枝子喜温暖，耐严寒，耐旱，耐阴，耐高温，耐土壤贫瘠。喜欢偏酸性土壤环境，生长区土壤的有机质含量较高。多生长于山顶、山坡、林缘、路旁等向阳且较干燥的地方。

总状花序单一腋生或构成顶生的圆锥形花序

多分枝，被疏柔毛

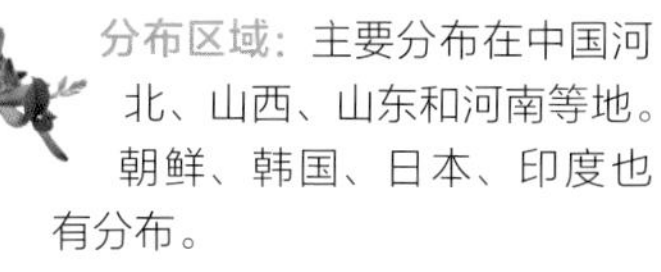

花冠红紫色或白色

分布区域：主要分布在中国河北、山西、山东和河南等地。朝鲜、韩国、日本、印度也有分布。

栽培方法：美丽胡枝子的育苗可采用播种和扦插的方式。播种：选择土壤肥沃、排水性良好的砂地。11 月中旬进行秋播，4 月初进行春播。秋播可直播。春播种子在播前用 60℃温水浸泡 1 天，3~4 天后播种；春播采用条播的方法。扦插：每穴扦插 1~2 株，行距 1 米，栽后覆土，及时浇水。

小贴士：美丽胡枝子幼嫩芽叶洗干净，用沸水焯烫后换清水浸泡，凉拌、炒食均可。可以用作建筑和家具的材料。种子含油量高，是营养丰富的粮食和食用油资源。全株有固土、持水及改良土壤的功效。美丽胡枝子具有清肺热、祛风湿、散瘀血的功能，可以治疗肺痈、风湿疼痛、跌打损伤等病症。

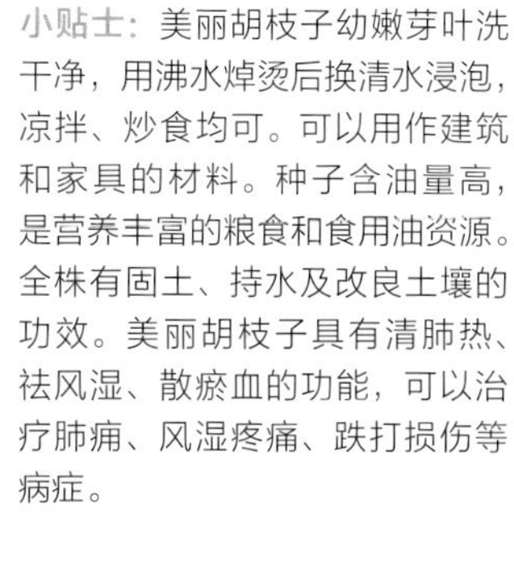

小叶椭圆形、长圆状椭圆形或卵形

花语：美丽胡枝子花色淡雅，花色呈淡紫色，像是一个情窦初开的少女，腼腆害羞却又有着对爱情的向往，因此它的花语是害羞和沉思。

花期：7~9 月 | 目科属：豆目、豆科、胡枝子属 | 别名：三妹木、假蓝根、碎蓝本、沙牛木

黄荆

植物形态：灌木或小乔木植物。小枝上密生灰白色茸毛，呈四棱形。掌状复叶，小叶片呈长圆状披针形，表面的颜色为绿色。圆锥形花序由聚伞花序排列而成，顶生，花序梗密生灰白色的茸毛，花萼呈钟状，花冠的颜色偶带粉白色，或为淡紫色、紫红色。有近球形的核果。

生长习性：黄荆喜光、耐旱、耐贫瘠、好肥沃土壤，但亦耐干旱、寒冷，萌蘖力强，耐修剪。一般生长于向阳山坡、原野等地，是北方低山干旱阳坡最常见的灌丛优势种。

分布区域：主要分布在中国长江以南，北达秦岭一淮河一带。主要是华东、华南、西南地区及陕西、甘肃等地。非洲东部经马达加斯加、亚洲东南部及南美洲的玻利维亚也有分布。

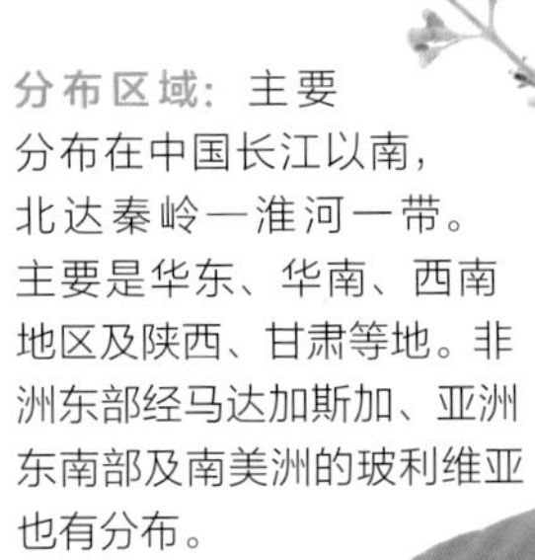

小贴士：黄荆的花和枝叶可以提取芳香油；黄荆的茎皮还可以用于造纸和人造棉的制作。黄荆树很适合种植在山坡、湖塘边、游路旁，用来点缀风景，增加观赏性。嫩芽叶洗干净，用沸水浸烫几分钟后，用冷水漂去异味，可以炒食。黄荆可以治久痢、驱蛲虫；能缓解反胃、吐酸的症状；还能预防胆结石。

栽培方法：黄荆采用播种、分株、压条的方式进行繁殖。2~3月挖取富有野趣的老桩，根据造型需要修剪枝干，修剪后及时下地栽培，选择透气性和排水性良好的土壤。

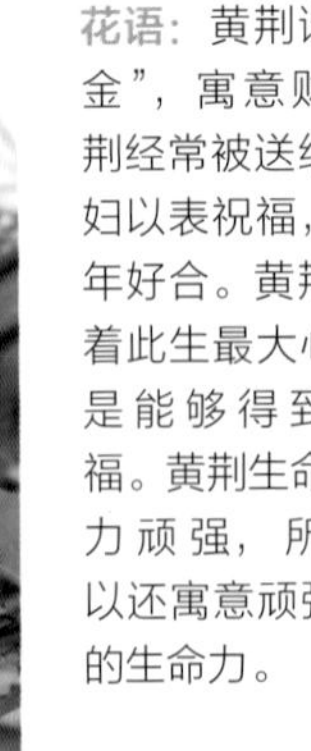

花语：黄荆谐音“黄金”，寓意财富。黄荆经常被送给新婚夫妇以表祝福，寓意百年好合。黄荆还代表着此生最大心愿就是能够得到幸福。黄荆生命力顽强，所以还寓意顽强的生命力。

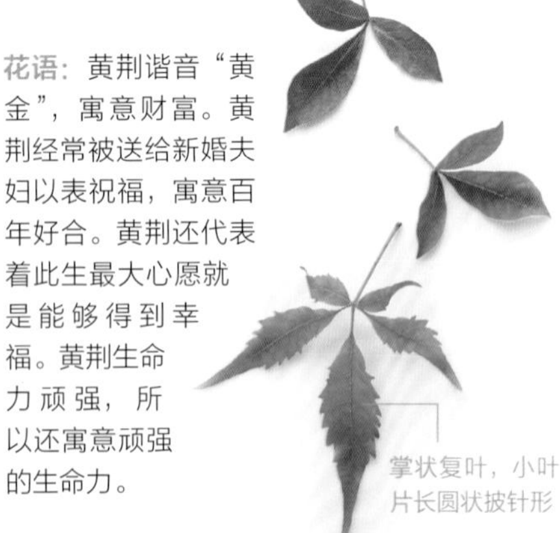

花期：4~6月　目科属：唇形目、唇形科、牡荆属　别名：布荆

结香

植物形态： 灌木植物，植株高70~150 厘米。小枝颜色为褐色，常作三叉分枝，粗而壮，幼枝上通常被短柔毛。叶先于花凋落，呈披针形至倒披针形。顶生或者侧生有头状花序，花序梗灰白色，被长硬毛；30~50 朵花聚集呈绒球状，花有香气。果为椭圆形。

生长习性： 结香喜温暖气候，耐半阴，也耐日晒，但不耐寒，喜肥沃、排水性良好的土壤。可栽种或放置在背靠北墙、面向南之处，以盛夏可避烈日、冬季可晒太阳为佳。

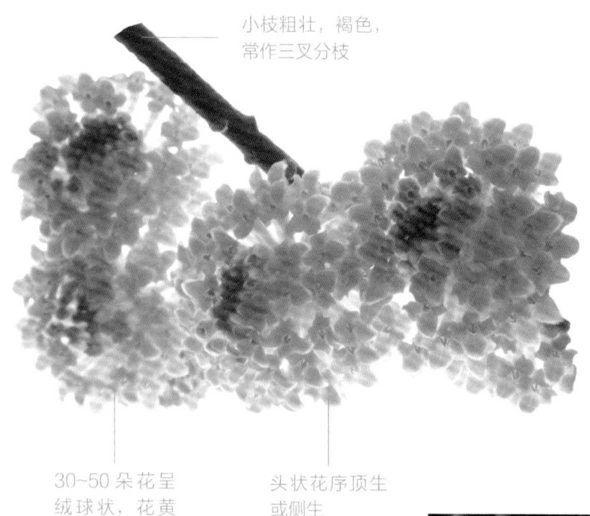

小贴士： 结香的茎皮纤维可用来制作高级纸和人造棉。结香全株入药，有舒筋活络、消炎止痛的作用，可以治疗跌打损伤和风湿痛等病症；结香的根可以舒筋活络、消肿止痛，用于缓解风湿关节痛、腰痛，外用治疗跌打损伤、骨折；结香的花有祛风明目的疗效，用来治疗目赤疼痛、夜盲等症状。

花语： 结香的花语是喜结连理。结香被称作中国的“爱情树”，恋人们相信，想要得到甜蜜的爱情和幸福，只要在结香的枝上打 2 个同向的结，这个愿望就能实现。

分布区域： 分布在中国河南、陕西以及长江流域以南各省区。

栽培方法： 结香采用分株和扦插的方法繁殖。分株：春季萌动前进行，选好健壮的母株，截断萌蘖枝条和母株相连的根，直接栽进苗圃。扦插：2~3 月进行，选一年生枝干，剪成 10~15 厘米的扦条，插入土中二分之一深，压紧并浇水，梅雨季节过后可以生根。

花期：冬末春初　目科属：锦葵目、瑞香科、结香属　别名：打结花、黄瑞香、家香、喜花、梦冬花、爱情树

荚蒾

植物形态：落叶灌木植物，植株高1~3 米。幼枝上有星状毛，老枝的颜色为红褐色。单叶对生，叶呈宽倒卵形至椭圆形，表面覆有稀疏柔毛，边缘部分有尖锯齿。有聚伞花序，花冠呈辐射状，花的颜色为白色。

生长习性：荚蒾喜光，喜温暖、湿润的环境，也耐阴，耐寒。喜微酸性的肥沃土壤。以温度 10~35℃、土壤 pH 值 5.0~7 为宜。多生长于长山坡或山谷林中、林缘、灌丛中。

核果卵形，果实成熟时为殷红

单叶对生，叶宽倒卵形至椭圆形

幼枝上有星状毛，老枝红褐色

分布区域：分布在中国云南、贵州、四川、广东、广西、湖南、江西、安徽和河南等地。国外分布在朝鲜、韩国、日本等地。

栽培方法：首先准备好小苗上盆的场地，用遮光率较好的遮阴网盖好。栽培中需要根据不同规格的苗选择不同容器。为了节省生产成本，而且能基本满足苗木的生长需求，采用北泥炭、鳞介质和沙性土，搅拌均匀后上盆。最后将苗放入盆中央深浅适当的位置，加介质后沿着盆边缘略加压实。苗木上盆前要进行大小分级，摆放整齐，插好标签。

小贴士：荚蒾可以作花篱、丛植、花坛、花境等材料。荚蒾的枝叶具有清热解毒、疏风解表的功效，可用于治疗疔疮发热、风热感冒；外用可以治疗过敏性皮炎。荚蒾的根有祛瘀消肿的功效，常用于淋巴结炎、跌打损伤等病症。

花语：荚蒾的花语是至死不渝的爱。

花期：5~6 月 | 目科属：川续断目、五福花科、荚蒾属 | 别名：木绣球

常春藤

植物形态：童期植株呈匍匐藤状，成年期植株为直立灌木。茎呈灰棕色或黑棕色，光滑，单叶互生。叶柄有鳞片，无托叶，花枝上的叶呈椭圆状披针形、披针形或条椭圆状卵形、细卵形至圆卵形。叶片表面深绿色，下面淡绿色或淡黄绿色。伞形花序单个顶生，花萼密集，花瓣呈三角状卵形，颜色是淡黄白色或淡绿白色。果实圆球形，呈红色或黄色。

分布区域：中国甘肃、陕西、西藏、江苏、浙江等地均有分布。越南也有分布。

叶卵圆形至披针形

童期属藤本植物，植株呈匍匐藤状

生长习性：耐寒，在温暖、湿润的环境下生长良好。喜湿润、疏松、肥沃的土壤，不耐盐碱。常见于林下路旁、岩石间和房屋墙壁上。

栽培方法：春末夏初进行栽植，选用腐叶土、园土和沙混合的培养土进行盆栽；栽植前剪掉过长、过密的根系，浇透水。温度控制在 18~20℃，夏季要进行遮阴。生长期每个月施 2~3 次有机肥。生长多年的植株要定期修剪，保持造型。病虫害主要有叶斑病、细菌叶腐病、根腐病等，虫害主要有卷叶虫螟、介壳虫和红蜘蛛，要注意病虫害的防治。

小贴士：常春藤常作攀缘假山、建筑阴面的绿化材料；可以作盆栽，起到绿化、观赏的作用，还有增氧、减尘、减少噪声的作用。常春藤有祛风、活血、解毒的功效，用于治疗风湿关节痛、腰痛、跌打损伤、急性结膜炎、痈疽肿毒、荨麻疹、湿疹等病症。常春藤可以去除苯、甲醛、三氯乙烯等有害物质，具有很好的生态作用。

花语：常春藤的花语是感化，寓意受到这种花祝福的人，常具有感化力，能够正面影响其他人。

成年期属灌木植物

花期：9~11 月　目科属：伞形目、五加科、常春藤属　别名：土鼓藤、三角风、散骨风、枫荷梨藤

仙人掌

植物形态：丛生肉质灌木植物，植株高1.5~3米。倒卵形或近圆形，边缘呈不规则波状。花辐状，花托倒卵形；萼状花片宽，倒卵形至狭倒卵形，黄色；花丝呈淡黄色。浆果倒卵球形，表面平滑无毛，紫红色。种子扁圆形，无毛，淡黄褐色。

分布区域：原产于墨西哥东海岸、美国南部及东南部沿海地区。中国的广东、广西和海南的沿海地区也有分布。

生长习性：喜阳光，耐旱，怕冷，怕涝，适合在中性、微碱性土壤中生长。良好的微碱性沙壤土尤其适宜它的生长。

栽培方法：仙人掌采用无性繁殖的栽培方法，使用分株法、扦插法和嫁接法。分株法：将仙人掌子苗拔下栽植，很容易成活。扦插法：春、夏、秋进行扦插，选择不老不嫩的茎块，茎块从母株上切下，放在通风处晾5~7天，待切口生成薄膜，插穗长10厘米、深3厘米时进行扦插，20天后生根。

小贴士：仙人掌的浆果可以鲜食，墨西哥等地会将其加工成罐头或饮料食用。仙人掌茎片中含有的营养成为远高于其他农作物，可以作为牲畜的饲料，饲养效果很好。仙人掌有健脾、清热解毒、消肿止痛的功效，用于治疗疔疮肿毒、胃痛、急性痢疾、哮喘等病症。

花语：仙人掌的花语是坚强。

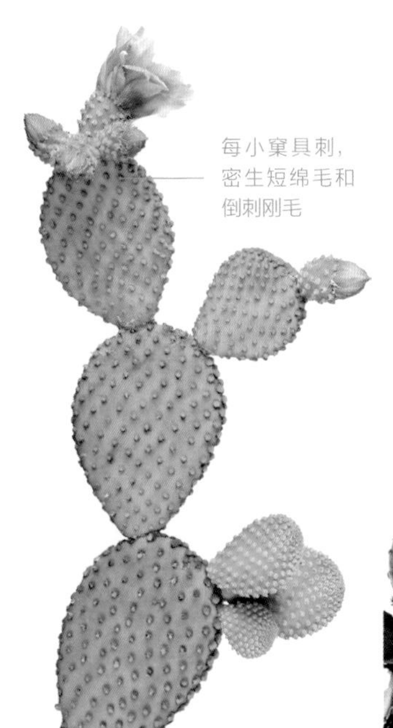

每小窠具刺，密生短绵毛和倒刺刚毛

花辐状，直径为5~6.5厘米

茎肉质，肥厚、多汁

花期：6~10月　目科属：石竹目、仙人掌科、仙人掌属　别名：仙巴掌、霸王树、火焰、火掌

第四章

乔木植物

乔木是指树身高大的树木，是高度在6米以上的木本植物。依其高度，分为伟乔（31米以上）、大乔（21~30米）、中乔（11~20米）、小乔（6~10米）四级。乔木植物的分布十分广泛，包括戈壁滩、沙漠等环境恶劣的地方，其中分布最多的区域是环境温暖和湿润的大陆。

鸡蛋花

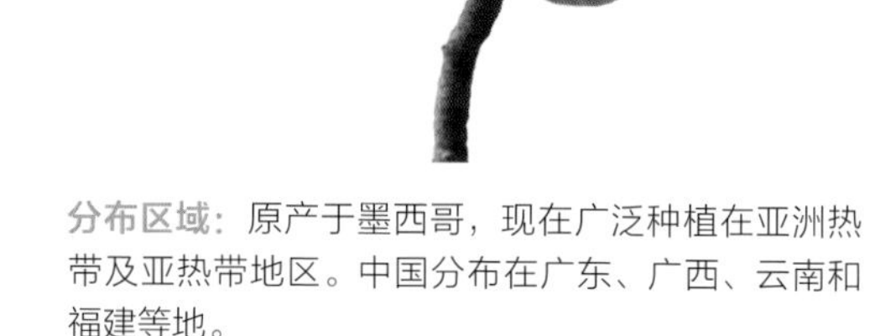

植物形态：落叶小乔木植物，植株高约 5 米。茎肉质，有粗壮的枝条和丰富的乳汁，没有毛，颜色为绿色，呈长椭圆形或长圆状倒披针形。顶生聚伞花序，圆筒形花冠，外面是白色的，里面是黄色的。花冠顶端圆钝，呈裂片阔倒卵形。圆筒形双生蓇葖，颜色为绿色且没有毛；种子扁平，呈斜长圆形。

生长习性：鸡蛋花喜高温、高湿、阳光充足、排水性良好的环境。耐干旱，忌涝渍，抗逆性好，耐寒性差，最适宜生长的温度为 20~26℃。土壤以深厚肥沃、透气、富含有机质的酸性沙壤土为佳。

分布区域：原产于墨西哥，现在广泛种植在亚洲热带及亚热带地区。中国分布在广东、广西、云南和福建等地。

栽培方法：鸡蛋花采用扦插、压条、种子和嫁接的方式繁殖。春、夏、秋三个季节均可栽培，选择富含有机质的沙壤土、阳光充足、排水性良好的地方。有机肥需要完全腐熟，保持行株距3米 ×2米，生长期每个月追施1次。要注意保持土壤湿润，梅雨季注意排水。

小贴士：在广东，鸡蛋花晾干后可作凉茶饮料，很受欢迎；鸡蛋花香味清香，可作食材；鸡蛋花中提取的香精可供制造高级化妆品和食品添加剂使用；鸡蛋花整株树自然美观，很有气势，具有一定的观赏价值。鸡蛋花有清热、利湿、解暑的功效，可以用于感冒发热、止咳、黄疸、泄泻、痢疾、尿路结石等病症，还可以预防中暑。

花语：鸡蛋花的花语是孕育希望、复活、新生。鸡蛋花有着简单的外表，清新自然，生机勃勃，给人充满希望的感觉。

花期：5~10 月　目科属：龙胆目、夹竹桃科、鸡蛋花属　别名：缅栀子、蛋黄花、印度素馨、大季花

野杏

花瓣圆形至倒卵形，白色或带红色

植物形态： 落叶乔木植物，枝为浅红褐色，有光泽。叶片呈圆卵形或者宽卵形，颜色为深绿色，有圆钝锯齿的边缘。花瓣颜色为白色或带红色，呈圆形至倒卵形。成熟果实为近球形，颜色为黄色。

生长习性： 野杏性喜温暖、阳光充足的气候环境，既耐寒冷和干旱，也耐高温。对土壤有很强的适应能力，甚至可以在岩石缝中生长。多遍布于山地、林地。

小贴士： 野杏在早春开花，花瓣白色或带红色，具有观赏性。杏仁可以食用，能够适用各种做法。野杏可以治疗咳嗽、惊痫、胸痹、食滞脘痛、血崩、疥疮、肠燥便秘等病症；有肺结核、痰咳、浮肿等病症的人，经常食用杏，有一定的好处。

花语： 野杏的花语是希望。野杏是生长在暖温带地区的果实，喜欢生长在可以沐浴阳光的地方，充满温暖阳光的感觉，给人带来希望。

分布区域： 分布在中国河北、山东、山西、河南、陕西、甘肃、青海、新疆、辽宁、吉林、黑龙江、内蒙古、江苏和安徽等地。

栽培方法： 野杏采用种子繁殖和嫁接繁殖的方式。选土层深厚、排水性良好的沙壤土，行株距 4 米 ×1.5 米，定植穴长 1 米、宽 1 米、深 0.8 米。栽后浇透水，入冬时注意防寒。新梢长到 15 厘米时，开始施速效肥料。

核卵球形，离肉，表面粗糙而有网纹

叶片宽卵形或圆卵形，深绿色，边缘有圆钝锯齿

花期：3~4月	目科属：蔷薇目、蔷薇科、李属	别名：杏子、杏实

木棉

花瓣肉质，倒卵状长圆形

植物形态：落叶大乔木植物，高可达 25 米。树干直，树皮灰白色，分枝平展。掌状复叶互生，小叶长圆形至长圆状披针形，全缘，有叶柄。花单生长于枝顶、叶腋，红色或橙红色，花萼杯状，肉质花瓣，呈倒卵状长圆形。蒴果长圆形，密被灰白色长柔毛和星状柔毛。种子数量多，倒卵形，光滑。

生长习性：木棉性喜温暖、干燥和阳光充足的环境，不耐寒，稍耐湿，忌积水，耐旱，抗污染、抗风力强，深根性，速生，萌芽力强。多生长于海拔 1400 米以下的干热河谷以及草原等地。木棉种植地宜选择阳光充足、土壤肥沃、排水性良好、土层深厚的中性或偏碱性冲积土，不宜种植在土壤干旱、瘠薄、黏重的地方，否则会导致木棉生长不良。

分布区域：分布在中国云南、四川、贵州、广西、江西、广东和福建等地。国外分布在印度、斯里兰卡、马来西亚、印度尼西亚、菲律宾，以及澳大利亚北部。

栽培方法：木棉采用嫁接繁殖和播种繁殖的方式。嫁接繁殖：种子 4~5 月成熟后采收，采用条播和撒播的方法播种，条播行距 20 厘米、深 5 厘米，覆土2厘米，播后6~7 天发芽，苗胸径 15~115 厘米时嫁接。播种繁殖：种子要在开裂前采收，3 月种入土壤。

小贴士：木棉枝干软而有韧性，适宜作蒸笼、箱板、纸张等材料。木棉花可以用来煲制凉茶，或者入汤、入粥食用。木棉有清热、解毒、利湿的功效，对于治疗泄泻、痢疾、血崩、疮毒等病症有很好的效果。

花语：木棉的花语是珍惜身边的人、珍惜身边的幸福。

花单生于枝顶、叶腋，红色或橙红色

掌状复叶互生，小叶长圆形至长圆状披针形

树皮灰白色，分枝平展

花萼杯状，长 2~3 厘米

花期：3~4 月　目科属：锦葵目、木棉科、木棉属　别名：攀枝花、红棉树、加薄棉、英雄树

紫丁香

植物形态： 落叶灌木或小乔木植物，植株高可达 10 米。树皮的颜色为黄褐色，叶对生，单叶，有明显的叶柄，叶片呈长方倒卵形或者长方卵形，革质、全缘，分布有密集的油腺。顶生有聚伞圆锥形花序，有香气，花冠紫色，呈短管状。浆果的颜色为红棕色，呈长方椭圆形；种子卵状椭圆形。

生长习性： 紫丁香喜欢阳光充足的环境，耐半阴，适应性较强，耐寒，耐旱，耐瘠薄。种植在湿润、排水性良好的土壤中为佳，适合庭院栽培。

小贴士： 紫丁香花可以提炼芳香油。紫丁香花冠紫色，具有很好的观赏性，一般种植在公园、花园、庭院以及路边；对二氧化硫有很好的吸收能力，可以净化空气，美化环境。紫丁香的叶子具有清热燥湿的作用，可以用于止泻、防治细菌性痢疾。

花语： 紫丁香的花语是初恋的刺痛、友情、羞怯、喜欢寂静。

分布区域： 在中国，以秦岭为中心，北到黑龙江，南到云南和西藏，均有分布。

栽培方法： 紫丁香采用播种、扦插、嫁接、压条和分株的方式繁殖。选择土壤疏松且排水性良好的向阳处，春季栽植，株距 3 米，2~3 年生苗后，栽植于宽 70~80 厘米、深 50~60 厘米的穴中，栽植后浇透水；栽植 3~4 年后生大苗，要对地上枝干进行修剪，不施肥或施少量肥，注意防治病虫害。

花期：3~6 月	目科属：唇形目、木樨科、丁香属	别名：百结、情客、子丁香、丁子香

毛泡桐

植物形态：落叶乔木植物，高可达 20 米。树皮褐灰色。叶片心形，顶端锐尖，全缘或有波状浅裂，上面毛稀疏，下面毛密或较疏。花序为金字塔形或狭圆锥形，花萼浅钟形，外面茸毛不脱落，分裂至中部或裂过中部；萼齿卵状长圆形；花冠淡紫色，漏斗状钟形。蒴果卵圆形，幼时密生黏质腺毛。

生长习性：毛泡桐耐寒，耐旱，耐盐碱，耐风沙，抗性很强，生长在海拔 1800 米左右的地带，对气候的适应范围很广。较耐瘠薄，在北方较寒冷和干旱地区尤为适宜，但主干低矮，生长速度较慢。

分布区域：分布在中国的辽宁、河北、河南、山东、江苏、安徽、湖北、江西等地。在日本、朝鲜、韩国，以及欧洲和北美洲也有引种栽培。

叶片心形，顶端锐尖

果皮厚约 1 毫米

花语：毛泡桐的花语是永恒的守候、期待你的爱。

蒴果卵圆形

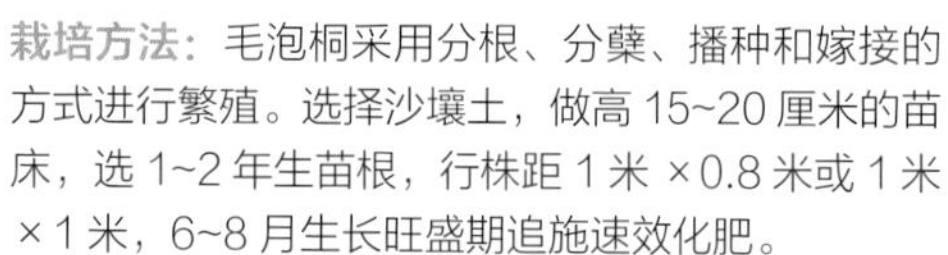

栽培方法：毛泡桐采用分根、分蘖、播种和嫁接的方式进行繁殖。选择沙壤土，做高 15~20 厘米的苗床，选 1~2 年生苗根，行株距 1 米 ×0.8 米或 1 米 ×1 米，6~8 月生长旺盛期追施速效化肥。

小贴士：毛泡桐含泡桐素和芝麻素，对除虫菊酯和烯丙除虫菊酯的杀昆虫作用有增效作用。毛泡桐有镇咳、祛痰和平喘的作用；对中枢神经系统也有一定的镇静作用；有降压作用，对高血压患者的降压作用更明显；还有抗癌作用，对肝癌细胞有显著的抑制作用。

花冠为淡紫色，呈漏斗状钟形

花期：4~5 月　目科属：唇形目、泡桐科、泡桐属　别名：紫花桐、冈桐、日本泡桐

稠李

小枝紫褐色

植物形态： 落叶乔木植物，植株高可达 13 米。树干皮灰褐色或黑褐色，有浅纵裂；小枝紫褐色，有棱，幼枝灰绿色，近无毛。单叶互生，椭圆形、倒卵形或长圆状倒卵形，叶缘有尖细锯齿。两性花，腋生总状花序，下垂，花瓣白色，略有香味；核果近球形，黑紫红色。

生长习性： 稠李喜光，耐阴，耐寒，不耐干旱、瘠薄，怕积水、涝洼，在湿润、肥沃的土壤中生长良好。多生长在山坡和灌木丛中，以及潮湿、阴凉的山沟底下。在欧洲和北亚地区长期栽培，繁殖出多种变种，有垂枝、花叶、大花、小花、重瓣、黄果和红果等变种，有很高的观赏价值。

分布区域： 分布在中国的东北、华北、西北等地区。朝鲜、韩国、日本、俄罗斯也有分布。

腋生总状花序，下垂

小贴士： 稠李的种子富含油脂，可以作为工业油进行使用。稠李还具有一定的观赏价值，它的树形优美，常用于园林景观当中。稠李的叶子入药，有止咳化痰的作用；稠李还有驱虫的效果。

花语： 稠李的花语是坚持自我、不迎合。

叶片椭圆形、倒卵形或长圆状倒卵形

栽培方法： 稠李采用种子和扦插的方法进行繁殖。种子繁殖：种子 8 月中下旬采收，用 40℃温水浸泡 2 天，把种子放入坑中，至距地面 20 厘米为止。翌春 4 月，从坑中起出种子催芽，1/3 种子露白后播种。扦插繁殖：秋季选择当年生 1 厘米左右粗的稠李作为插穗，截成 15~20 厘米的插条，将 100 根捆成 1 把，放入窖中。翌春从窖中取出插穗，放入清水浸泡 2~3 天，按株距 15 厘米、行距 25 厘米进行扦插。

花期：4~5 月	目科属：蔷薇目、蔷薇科、李属	别名：臭耳子、臭李子

女贞

叶片革质，卵形、长卵形或椭圆形至宽椭圆形

植物形态：常绿乔木或灌木植物，植株高达25米。叶片常绿，呈卵形、长卵形或椭圆形至宽椭圆形。先端锐尖至渐尖或钝，基部圆形或近圆形，两面无毛。叶柄上面具沟，无毛。顶生圆锥形花序，花序轴及分枝轴无毛，紫色或黄棕色。花无梗或近无梗，花萼无毛，花药长圆形，花柱柱头棒状。果实肾形或近肾形，深蓝黑色，成熟时呈红黑色。

顶生圆锥形花序

花无梗或近无梗，小苞片披针形或线形

分布区域：分布在中国江苏、浙江、江西、安徽、山东、四川、贵州、湖北、湖南、广东、福建等地。朝鲜、韩国、印度、尼泊尔等也有分布。

生长习性：耐寒，喜温暖、湿润气候，耐阴，不耐瘠薄。适合于疏松肥沃的土壤中栽培。对气候要求不严，能耐 -12℃的低温。

栽培方法：11~12 月种子成熟后，进行采收，选择健康的树作为母树。将果实浸入水中 5~7 天，搓去果皮，阴干。第二年 3 月底至 4 月初，用热水浸种，捞出后晾 4~5 天进行播种。冬播无需催芽，春播进行催芽效果较好。采用条播的方式，行距 20 厘米，覆土 1.5~2 厘米，约 1 个月后出苗。出土后要及时松土、除草，进行间苗，注意锈病和立枯病的防治。

小贴士：女贞枝叶茂密，种植在园林中，可供观赏，也可以种植在庭院中，作行道树，也用作绿篱。女贞叶片可以提取冬青油，用于甜食和牙膏制作中。女贞子有滋肝养肾、强腰健体、明目的功效，可以用于治疗眩晕、腰膝酸软、耳聋、须发早白等病症。

花语：女贞的花语是生命。能受到这种花祝福的人更懂得生命的可贵。

花期：5~7 月　目科属：玄参目、木樨科、女贞属　别名：白蜡树、冬青、蜡树、女桢、桢木、将军树

米仔兰

植物形态： 灌木或小乔木植物，植物叶长 5~12 厘米，叶轴和叶柄狭翅，小叶对生，先端钝，基部楔形。圆锥形花序腋生，花朵芳香，花萼呈 5 裂，裂片呈圆形。花瓣黄色，呈长圆形或近圆形。果实为浆果，卵形或近球形；种子有肉质假种皮。

分布区域： 中国广东、广西、福建、四川、贵州和云南等地都有栽培。东南亚各国也有分布。

圆锥形花序腋生，小花黄色

叶片革质，光滑无毛

花语： 米仔兰的花语是崇高品质。常被用来比喻教师，表示其默默地奉献。

果实卵形或近球形，属浆果

生长习性： 生长在低海拔的山地疏林中。喜温暖、湿润的气候，怕寒，不耐低温，否则甚至会造成植株死亡。肥沃、疏松、富含腐殖质的酸性土壤适宜其生长。

栽培方法： 米仔兰栽培可以采用扦插法和压条法的方式。扦插法：4 月下旬至 6 月中旬，取一年生木质化枝条，插穗长 10 厘米，上端 2~3 片叶，切口削平，插入洞中，深度是插条长度的 1/3。浇足水，保持通风，温度保持在 30~32℃，40天生根。压条法：4~8月进行，选择一年生木质化枝条，茎粗 0.5 毫米，分杈 20 厘米处刻伤，宽 0.5 厘米，用苔藓或湿土敷在刻伤部位，用塑料薄膜包裹，保持湿润，2 个月生根后上盆定植。

小贴士： 米仔兰枝叶入药，有活血散瘀、消肿止痛、行气解郁的功效，用于治疗跌打损伤、痈疮、骨折、胸闷、腹胀等病症。米仔兰可以作盆栽，也是优良的芳香植物，常用来布置会场、庭院等地。

花期：5~12 月　目科属：无患子目、楝科、米仔兰属　别名：米兰、树兰、鱼仔兰